中国建筑业协会绿色建造与智能建筑分会
中国建筑股份有限公司 ｜ 组织编写

绿色建造
发展报告

——绿色建造引领城乡建设转型升级

U0376223

中国建筑工业出版社

绿色建造发展报告
——绿色建造引领城乡建设转型升级

编委会

主　编　肖绪文

副主编　李翠萍　黄　刚　郭晓岩　金德伟　李久林

　　　　陈　浩　卢昱杰

编写人员（按姓氏笔画排序）

于震平　马福多　王　辉　王　铜　王兴龙　王鹏飞

卢昱杰　申新华　冯大阔　朱　彤　刘　星　李　娟

李　雪　李久林　李国建　李昱村　李晓光　李献运

李翠萍　肖建庄　肖绪文　吴悦明　宋福立　陈　浩

林　琢　金德伟　周可璋　孟　平　赵喜顺　敖　军

夏晶峰　郭晓岩　唐世荣　黄　宁　黄　刚　黄晨光

梁保真　彭琳娜　曾俊清

组织编写单位

中国建筑业协会绿色建造与智能建筑分会

中国建筑股份有限公司

参编单位

中建工程产业技术研究院有限公司

北京城建集团有限责任公司

同济大学土木工程学院

中建三局集团有限公司

江苏南通三建集团股份有限公司

中国建筑第八工程局有限公司

陕西建工第五建设集团有限公司

湖南建工集团有限公司

中国建筑第四工程局有限公司

中国建筑设计研究院有限公司

中国冶金科工集团有限公司

中国建筑东北设计研究院有限公司

中国建筑西北设计研究院有限公司

中亿丰建设集团股份有限公司

中国建筑土木建设有限公司

中国五冶集团有限公司

中建安装集团有限公司

山西四建集团有限公司

中国建筑第七工程局有限公司

同方股份有限公司

厦门万安智能有限公司

中建北方建设投资有限公司

河南三建建设集团有限公司

河南六建建筑集团有限公司

重庆欧偌医疗科技有限公司

前　言

　　2021 年 10 月，中共中央办公厅、国务院办公厅印发了《关于推动城乡建设绿色发展的意见》，为转变城乡建设发展方式，提出了"实现工程建设全过程绿色建造"的具体要求。自 2013 年住房城乡建设部立项开展"绿色建造发展报告（白皮书）"研究以来，我国在绿色建造领域实现了快速进步，住房城乡建设部先后多次发文大力推进"绿色建造"，辅之以"智能建造"和"工业化建造"开展"三造融合"；率先在湖南省、广东省深圳市、江苏省常州市进行绿色建造试点工作；颁布实施《绿色建造技术导则（试行）》等技术指导文件。"十四五"期间，绿色建造仍是建筑业实现转型发展的重要途径，也是建筑领域践行绿色发展理念和实现"双碳"目标的有力抓手。

　　绿色建造理念提出已有 10 余年，以中建集团等单位为代表的建筑业头部企业一直致力于绿色建造的理论研究和工程实践。先后牵头完成"绿色建造发展报告（白皮书）研究""基于绿色建造的施工技术研究""推进绿色建造试点工作政策措施研究"等住房城乡建设部课题，以及中国工程院课题"绿色建造可持续发展现状及发展战略研究"。这段时间国家对于绿色建造的推广普及上了新的台阶，对于建筑业企业通过绿色建造实现转型升级提出了新的要求。为了进一步梳理我国绿色建造领域这些年特别是近 10 年来所开展的工作和取得的成绩，这本《绿色建造发展报告——绿色建造引领城乡建设转型升级》（以下简称《报告》）的编写应运而生。

　　国内的绿色建造成熟发展和建筑业绿色转型不是一蹴而就的事情，这需要 5 ～ 10 年甚至更长的一个过程，《报告》对中国的绿色建造和建筑业绿色转型一定能起到推进和借鉴的作用。因为，首先《报告》对近年来国内绿色建造领域的发展状况做了全面细致的总结，包含政策标准、要素分析、经验借鉴、工程案例等；再者《报告》对将来影响中国建筑业发展最重要的两个因素"30·60双碳目标"和"以人为本"做了较为深刻的剖析，其中的"双碳目标"章节对建筑全过程（设计、施工、运行）的碳排放计量、减碳技术等做了全面的分析。"以人为本"章节第一次提出了"建造人""使用人""相关人"等与建造过程和使用息息相关的三类人群，还特别强调了对产业工人的培养和职业健康保障。

《报告》主体共分为5章，另含附录。分别为"第1章绿色建造发展现状""第2章 绿色建造政策与标准""第3章 国外经验精选""第4章 发展趋势与建议""第5章工程案例"，同时，《报告》还在"附录"部分提出了"绿色建造发展的10项重点技术"。第1章可以说是全《报告》的一个重点，因为它不仅介绍了绿色建造的背景意义和发展历程，还从"环境保护""资源节约""30·60双碳目标""以人为本"这绿色建造的四大要素出发详细阐述了绿色建造与四者之间的相互关系，使得读者对绿色建造有了一个全面的认知。第2章从国内绿色建造政策和标准入手，得出绿色建造今天所取得的进展是和国家的大力支持分不开的结论。第3章主要介绍了绿色建造发展过程中对国外先进经验的引入以及适应国情的践行。第4章则是结合国家近年来颁布的相关政策，首次提出绿色建造领域"建造模式一体化、建造方式装配化、建造手段智能化、建造管理精益化、建造过程专业化、建造活动低碳化"和"以人为本"的"六化一本"新发展趋势。同时，《报告》还专门在第5章推出近期国内绿色建造实践中的 3 个突出案例，如"国家速滑馆"等，做到全报告理论与实践相结合。

本书的编辑出版得到了行业各位专家同仁的大力支持，在此表示衷心的感谢！由于时间仓促，书中难免出现一些疏漏，诚邀广大读者批评指正，并提供宝贵意见。

本书编委会

目　录 ————————————————————————————————————•

第5章 工程案例

第 1 章

绿色建造发展现状

1.1 引言

1.1.1 概念

在学术论文中绿色建造这一名词出现的时间比较早，但对其含义、范畴等没有做出定义。国家和行业层面对绿色建造开展专项研究，始于"十二五"国家科技支撑计划，2012年设立了"建筑工程绿色建造关键技术研究与示范"项目。项目构建以绿色化为目标的绿色建造技术体系与管理体系，开发绿色建造专项技术以及信息化施工技术。2013年1月，住房城乡建设部工程质量安全监管司设立了"绿色建造发展报告（白皮书）研究"项目。项目界定了绿色建造的范畴，给出了绿色建造的定义和内涵，提出了绿色建造的发展方向、发展策略以及实施措施等。此后，绿色建造的内涵和外延在实践中不断地发展和完善，包含在绿色建造范畴内的绿色设计、绿色施工等得到了充分的发展与实践，取得了丰硕的成果，绿色立项也得到了广泛的认同。

绿色建造是生态文明建设和可持续发展思想在工程建设领域的体现，强调在工程建造过程中，着眼于工程的全寿命期，贯彻以人为本的思想，要求节约资源，保护环境，减少排放。按照我国目前的工程组织方式，绿色建造主要包含三个阶段，即工程绿色立项、绿色设计和绿色施工，如图1.1.1-1所示。绿色建造要求统筹考虑这三个阶段的工作协同，建立工程建设各相关方的协同工作体系和交流平台，引入有效的组织模

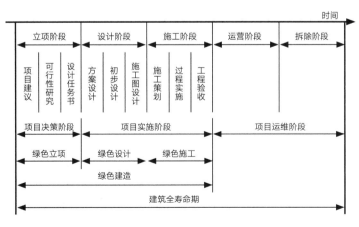

图 1.1.1-1　绿色建造阶段划分

式，包括全过程工程咨询和工程总承包。后一阶段的专业人员要提前介入到前一阶段的工作，统筹考虑工程建造全过程，避免工程后期的变更，形成更有效的工作方式，达成工程建造的绿色化。

绿色建造可以表述为：着眼于建筑全寿命期，在保证质量和安全前提下，践行可持续发展理念，通过科学管理和技术进步，以人为本，最大限度地节约资源和保护环境，实现绿色施工要求，生产绿色建筑产品的工程活动。

其内涵包括七个方面的内容：（1）绿色建造的目标旨在推进社会经济可持续发展和生态文明建设。绿色建造是在人类日益重视可持续发展的基础上提出的，绿色建造的根本目的是实现立项策划、设计、施工过程和建筑产品的绿色，从而实现社会经济可持续发展，推进国家生态文明建设。（2）绿色建造的本质是以人为本、节约资源和保护环境为前提的工程活动。绿色建造中的以人为本，就是保障工程建造过程中工作人员、工程使用者以及相关公众的健康安全；节约资源是强调在环境保护前提下的资源高效利用，与传统的单纯强调降低成本、追求经济效益有本质区别。（3）绿色建造必须坚持以实现"30·60"双碳目标为基础，从建材生产、工程施工与建筑运营等多维度和全过程上把高效低碳建造与运营工作做实做细。（4）绿色建造的实现要依托系统化的科学管理和技术进步。绿色立项策划解决的是工程绿色建造的定位，绿色设计重点解决绿色建筑实现问题，绿色施工能够保障施工过程的绿色。三个阶段均需要系统化的科学管理和技术进步，是实现绿色建造的重要途径。（5）绿色建造的实现需要政府、业主、设计、施工等相关方协同推进。上述各方应对绿色建造分别发挥引导、主导、实施等作用。（6）绿色建造的前提条件是保证工程质量和安全。绿色建造的实施首先要满足质量合格和安全保证等基本条件，没有质量和安全的保证，绿色建造就无从谈起。（7）绿色建造能实现过程绿色和产品绿色。绿色建造是绿色建筑的生成过程，绿色建造的最终产品是绿色建筑。

绿色建造强调统筹资源，一体化管理。实现这个要求，需要有合适的工程建设模式。2017年《国务院办公厅关于促进建筑业持续健康发展的意见》（国办发〔2017〕19号），提出了完善工程建设组织模式，明确了加快推行工程总承包，培育全过程工程咨询。这与绿色建造要求的管理体系是一致的，也是绿色建造管理的重要组成部分。

1.1.2 背景与意义

（1）背景

我国改革开放以来，工程建设规模一直保持高速增长，房屋竣工面积增长迅猛。

大规模的建设活动，持续消耗大量能源、淡水、材料等资源，给社会造成巨大的资源压力。同时，工程建设活动往往会干扰甚至改变地质环境原有特征，改变地下水径流，排放大量固体废弃物，产生污水、噪声、强光、扬尘、二氧化碳等污染物，造成了众多环境负面影响。为解决这些问题，促进了建筑领域的转型升级，实施资源节约、环境保护等绿色化的发展策略。

党的十八大以来，我国政府把生态文明建设纳入中国特色社会主义事业五位一体总体布局，绿色化成为国家"新五化"发展战略之一。党的十九大报告中，提出了加快生态文明体制改革，建设美丽中国的要求，强调了发展绿色生产，资源节约利用。2020年9月，习近平主席在第75届联合国大会提出：中国将提高国家自主贡献力度，采取更加有力的政策和措施，二氧化碳排放力争于2030年前达到峰值，努力争取2060年前实现碳中和。

为了贯彻落实党和国家有关绿色化发展的方针政策，改变建筑领域传统的高消耗重污染生产方式，推进我国建筑业的转型升级，实施绿色建造是行之有效的方式，也是大势所趋。

（2）意义

推进绿色建造，是工程建设领域践行我国绿色发展理念的具体体现，具有重要的意义。具体表现在：

1）绿色建造是工程建设领域实现绿色减排的有效方式

绿色建造要求建造全过程资源节约、环境友好，实现建设工程的绿色减排。2021年9月22日，《中共中央 国务院关于完整准确全面贯彻新发展理念做好碳达峰碳中和工作的意见》文件发布，提出到2025年，绿色低碳循环发展的经济体系初步形成，重点行业能源利用效率大幅提升。对相关产业和领域提出了基本的要求和措施，其中提升城乡建设绿色低碳发展质量，就要求实施工程建设全过程绿色建造。2021年10月24日，国务院印发了《2030年前碳达峰行动方案》，提出了"碳达峰十大行动"。在城乡建设碳达峰方面，推广绿色低碳建材和绿色建造方式，加快推进新型建筑工业化，大力发展装配式建筑，推广钢结构住宅，推动建材循环利用，强化绿色设计和绿色施工管理。绿色建造是国家绿色减排的一个重要策略。

2）绿色建造是推动建筑业转型升级的抓手

建筑业是国民经济的支柱产业，为我国经济持续健康发展提供了有力支撑。但建筑业生产方式仍然比较粗放，与高质量发展要求相比还有很大差距。绿色建造以节约资源、保护环境为核心，实行建筑业的绿色化。同时，绿色建造要求推进管理与技术创新，提倡信息技术利用和装配式建造，发展智能建造。通过智能建造与建筑工业化协同发展，提高资源利用效率，减少建筑垃圾的产生，大幅降低能耗、物耗和水耗水平。从多个角度，推进建筑业的转型升级。2020 年 7 月 3 日，住房城乡建设部等 13 部门，发布了《关于推动智能建造与建筑工业化协同发展的指导意见》（建市〔2020〕60 号），旨在推进建筑业的转型升级。其重点任务之一就是积极推进绿色建造，实行工程建设项目全寿命期内绿色建造。

3）绿色建造是谋求在建筑领域人民幸福感提高的途径之一

幸福感最直接的来源是个体需要得到满足，这也是人类永恒追求的心理目标。幸福感不可能凭空产生，它源自对自身满足感、舒适感和安全感的主观认知和情感升华。绿色建造遵循以人为本的原则，其目的是谋求在建筑领域人民幸福感的提升。绿色建造的以人为本，一是保障工程建造人员的工作环境健康安全，通过技术进步降低劳动强度；二是建造的工程使用空间的健康、舒适，为使用者创造一个健康舒适的工作、生活环境；三是工程建造尽量减少对环境的影响，降低工程建造对周边人员的干扰影响，使人民在建筑领域获得安全、满足、舒适的情感，提升自身的幸福感。

4）绿色建造是契合工程总承包组织模式的建造方式。

绿色建造以工程建设全过程为立足点，打通工程立项、设计、施工各阶段之间的屏障，统筹协同各种资源，实现工程建造过程和产品的绿色。2017 年《国务院办公厅关于促进建筑业持续健康发展的意见》（国办发〔2017〕19 号），提出了完善工程建设组织模式，明确了加快推行工程总承包，培育全过程工程咨询。绿色建造需要能够统筹协调的组织方式，全过程工程咨询和工程总承包方式，有利于绿色建造的实施。而绿色建造又对全过程工程咨询和工程总承包的推进，提供了有效的方式，相互之间完美契合。

5）绿色建造是融入国际工程承包的必然途径

当前，欧美发达国家已经把绿色环保纳入市场准入考核。美国建造者和承包商协会推出的绿色承包商认证，其评审内容不仅包括承包商承建 LEED（Leadership in Energy and Environmental Design，能源与环境设计先锋）项目情况，还涵盖承包商绿色建造与企业绿色管理情况。这些绿色壁垒给我国建筑企业的国际化提出了更大的压力和挑战。因此，推行绿色建造，有利于提升建筑企业绿色建造能力和国际化水平，使我国建筑业与国际接轨，赢得国际市场竞争。

1.1.3 主要内容

绿色建造强调从立项、设计至施工的统筹协调，一体化建造，关注建筑全寿命期的环境友好，资源高效利用，人员健康安全，生产高品质绿色建筑产品。各个阶段的目标是一致的，重点各有差异。

（1）统筹管理

工程总承包的模式有利于绿色建造成效的实现。同时鼓励承包商在工程项目的立项策划阶段应尽早介入，成立绿色建造专业工作团队，以现代信息技术、数字技术、通信技术和工程经验为手段，为业主提供项目管理服务，在整个项目实施全过程提供战略性、宏观性、前瞻性、定量分析和定性分析相结合的目标规划和控制工程建造的一体化管理。工程总承包与工程全过程咨询服务模式结合，明确总承包商作为绿色建造工程质量的责任主体，履行绿色建造全过程的组织与协调，将工程立项、设计与施工深度融合，打破多元主体的传统建造模式，有效控制建造全过程的各种影响因素，促进工程项目绿色建造实现整体效益最大化，全面强化企业的市场和现场总体管理和技术能力。

绿色建造统筹管理内容包括组织建设管理，建立合理的组织结构、工作制度、人员配置、工作流程等。目标系统管理，除了确立项目的功能、投资、质量、进度外，还应明确绿色目标。建造过程管理，确定建造活动任务分解、各交界面和节点、相互之间的协调以及过程的决策支撑等。

（2）环境保护

立项阶段应明确工程充分利用场地原有的人文和自然环境，减少建造对场地及周边环境、生态系统的改变；开展工程建造对环境影响评价；提出与海绵城市相匹配的雨水循环配置；合理设置绿化用地。

设计阶段应考虑与现场环境的协调，保护原有植被、水资源；合理配置绿色植物，设置雨水循环设施；利用地形地貌合理确定场地标高，实现土方平衡；控制工程产生的固体、液体、气体排放物，减少对环境的影响；避免工程产生光污染，热岛效应，避免影响自然风环境；选用绿色建材、部品部件和设备。

施工阶段应采取有效措施，保护周边环境，避免水土流失；降低施工扬尘的产生和扩散，控制施工噪声和光污染，避免污水外溢，降低固体废弃物排放；采用绿色建材、部品部件和设备。

（3）资源节约

立项阶段应考虑集约用地，合理控制工程规模；做好结构选型分析，采用装配式、模块化建造的可行性分析，确定合理的工程使用年限；鼓励使用再生材料和可循环材料；制定工程全寿命期的用水计划以及中水使用的可行性；对采用的主要技术进行技术经济适应性分析，对工程全寿命期的成本进行分析。

设计阶段应合理开发地下空间；做好结构选型优化设计，建筑形体尽量规则，减少装饰性构件；合理采用高强钢和高性能混凝土；进行给水排水系统优化设计，对中水利用进行技术经济分析；做好主体结构、部品部件、模块化管线以及功能空间的装配化、模块化设计。

施工阶段应做好深化设计，减少资源消耗；临时设施采用可循环利用的产品，考虑与工程永久性设施的结合利用；采用工厂化加工，减少现场切割，采用周转次数高的模架体系；建筑垃圾资源化现场利用；采用节水型施工工艺技术，考虑利用非传统水源。

综上所述，工程绿色立项是绿色建造的基础，绿色设计是建成绿色建筑的关键，绿色施工是工程的物化过程。三者互为关联，需要严密配合，达成绿色建造目标。

（4）双碳目标

立项阶段应进行工程全寿命期用能和能效分析，研究采用被动式节能和可再生能源利用的可行性；工程和场地布局为清洁能源和可再生能源的利用提供条件和必要设施；选择节能设施与设备；制定工程全寿命期碳减排策略，估算碳排放量。

设计阶段应考虑能源的高效利用，分析工程不同季节用能特点，合理设置用能分区；主要功能空间利用自然采光和通风，围护结构满足节能要求，优化暖通系统设计；合理采用清洁能源和可再生能源；基于工程全寿命期，计算碳排放量，采用减碳技术。

施工阶段应做好能源节约与高效利用工作，进行临电系统优化设计，采用节能设备，尽可能降低材料、部品、设备的运输距离；合理采用清洁能源和可再生能源；做好能源、材料、水的消耗统计，进行工程建造的碳排放计算。

（5）以人为本

立项阶段应做调查研究分析，确定场区的安全性，避免自然灾害、各类污染源对工程相关人员的影响；做好工程定位，确定工程合理布局，配置适宜的公共服务设施，方便通行、文体活动和生活。

设计阶段应做好场区交通、公共设施设计，方便使用者出行和生活；做好无障碍设计；保障工程的安全，提供健康、舒适的使用空间，包括良好的室内空气环境、光环境、声环境、湿热环境等。

施工阶段应保障工程的使用和施工过程安全；落实施工作业人员的职业健康要求，改善作业环境，保护人员健康；尽可能采用机械化、智能化技术，减轻劳动人员工作强度。

1.2 总体情况

1.2.1 发展历程

从中华人民共和国成立到现在，建筑业历经了一系列变革，不断调整发展方式，推陈出新、与时俱进，实现了飞跃发展。随着建筑行业的延续和发展，绿色建造通过绿色建设、绿色设计和绿色施工标准的引领和带动，发展迅速。按时间顺序，本书将绿色建造的发展分为三个阶段，分别叙述建筑业与绿色建造的巨大改变。

1. 建筑业发展迅猛，绿色设计开始萌芽（1978 ~ 1987 年）

1978 年，十一届三中全会决定把党和国家的工作重心转移到社会主义经济建设上来，实行改革开放，拉开了我国施工企业管理体制改革的序幕。这一时期，中国建筑业在国家发展规划中被列为支柱性产业，建筑业改革大纲发布实施，企业承包经营制全面推行开。体制机制的改革，极大地解放了生产力，建筑业发展迅猛。

从 1978 年至 1983 年，我国建成投产的大、中型项目达 595 个，如上海宝山钢铁总厂、葛洲坝水电站、京秦铁路复线电气工程等一大批大型的具有现代化技术的建设项目，陡河电厂、秦岭电厂、北京石化总厂、上海石化总厂等骨干项目，也都在此期间建成投产。同时期，在电力建设、油田建设、铁路的复线电气化建设以及港口建设等方面均有重大进展。1984 年，中建三局一公司以"三天一层楼"的速度建设当时中国第一高楼——深圳国贸大厦，由此产生了传颂至今的里程碑式口号——"深圳速度"。

1986 年，我国推出了第一本关于建筑节能的行业标准《民用建筑节能设计标准》JGJ 26—1986，首次将建筑运营中的节能问题提上日程。

随着改革开放的进程加快，国外的建筑师、建筑材料、建筑技术一起进入中国，我国的绿色设计开始萌芽发展。

2. 建筑业管理体制改革，绿色建筑与绿色施工发展迅速（1987 ~ 2013 年）

1987 年 8 月 6 日《人民日报》头版发表长篇通讯"鲁布革冲击"。时任国家领导人分别做出批示，要求全国推广"鲁布革"工程管理经验，开启了我国建筑业生产方式和建设工程管理体制的深层次改革。

鲁布革水电工程建设中引进世界银行贷款，面向国际公开招标，全面引入竞争机制。日本大成公司以最低价中标后，实行项目法施工，达到了缩短工期、降低造价、质量优良的目标。这对我国原有的建设模式产生了强烈的冲击，形成了在工程建设领域具有划时代影响的"鲁布革经验"。1987年7月国家计划发展委员会等五部委批准18家企业作为第一批鲁布革经验推广试点单位先行先试，以"工程招投标"为突破口，以"管理层与劳务层分离"为标志，推行"项目法施工"。"鲁布革经验"开启了我国工程建设领域改革的新篇章，后来的招标投标制度、工程监理制度、总承包管理等皆受此影响。

1987年，在建设部的支持下，原中国建筑业联合会设立"鲁班奖"。"鲁班奖"的设立推动了企业质量管理，提升了获奖企业的社会信誉、知名度和积极性，促使全行业工程质量水平得到提高，对建筑行业影响深远。

1998年3月《中华人民共和国建筑法》正式开始实施，随后《中华人民共和国招标投标法》《建设工程项目管理规范》《建设工程监理规范》等一批法律法规和规范陆续发布，建筑市场管理向法制化、规范化发展。在此背景下，中国建筑率先提出"法人管项目"理念，进一步丰富了企业项目管理的内涵。

这一时期，中国建筑、中铁工、中铁建、中交集团等建筑央企陆续上市，企业发展步入快车道。一批江浙民企通过股份制、混合所有制改革和内部管理体制机制的改革，在激烈的市场竞争中迅速崛起，如中南建设、南通三建、南通四建、龙信建设、金螳螂装饰、浙江中天、浙江广厦、亚厦股份等一批优秀民企发展迅猛。

2001年，时任中国建筑总经理的孙文杰首次提出"法人管项目"的理念，而后创新了"法人管项目"的管理模式。这种模式主要体现为"三集中"，即"资金集中管理、大宗材料集中采购、劳务集中招标"，通过"三集中"管理，实现企业体系管理的精细化和法人管理的集权化与集约化。中国建筑提出的区域化经营、专业化发展、精细化管理、国际化协同的管理理念逐渐被行业内认可，成为许多优秀建筑企业运营管理基本做法。

与此同时，中国开始了关于全寿命期的绿色建筑和绿色施工的推进。2001年，我国第一个关于绿色建筑的科研课题完成，在申办2008年夏季奥运会承办权时提出了"绿色奥运"口号；2003年，《绿色奥运建筑评估体系》发布后，业界开始重视并逐步推进绿色施工。

2005年，建设部印发《关于发展节能省地型住宅和公共建筑的指导意见》，明确提出建筑节能、节地、节水、节材和环境友好等方面的目标和任务。在北京召开的绿色建筑大会，正式提出我国开始发展绿色建筑，这是绿色建筑发展的一个"里程碑"。2006年颁布了国内第一个绿色建筑评价标准，即《绿色建筑评价标准》GB/T 50378—

2006。从此，我国正式开展了绿色建筑建设工作。

2012年4月，中国建筑业协会绿色施工分会成立，组织和联合地方行业协会开展培训三十余次，为各企业输送了绿色施工专业人才，有效推动了绿色施工的发展。2012年7月，"住房城乡建设部绿色施工科技示范工程指导委员会"成立，以规范绿色施工工程实施工作程序，加强住房城乡建设部绿色施工科技示范工程实施工作的领导和管理。同年，中国海员建设工会会同中国建筑业协会共同开展了以"我为节能减排做贡献"为主题的全国建设（开发）单位和工程施工项目节能减排达标竞赛活动。

2013年，国务院办公厅转发国家发展改革委、住房城乡建设部制定的《绿色建筑行动方案》。该文件充分阐述了绿色建筑行动的重要意义和指导思想，并提出了"十二五"期间，完成新建绿色建筑10亿 m^2 的目标。由住房城乡建设部建筑节能与科技司组织中国土木工程学会总工程师工作委员会、中国城市科学研究会绿色建筑与节能委员会及绿色建筑研究中心具体实施的"住房城乡建设部绿色施工科技示范工程"也在全国绿色施工推进中发挥了重要作用，截至2019年底，累计立项700余项。期间，河南、湖南等省份也开展了地方绿色施工示范工程的创建。

2010年和2014年，《建筑工程绿色施工评价标准》GB/T 50640—2010和《建筑工程绿色施工规范》GB/T 50905—2014分别发布实施，对绿色施工提出了绿色要求和措施，对如何开展评价提出了指标。为绿色施工的策划、管理与控制提供了依据，有效推动了我国绿色施工的实施。

目前，绿色建筑和施工的理念已逐渐深入各级施工企业和工程项目管理中，施工过程中节水、节材、节能、节地、环境保护等技术的应用，推动了合理使用和节约资源、减少建筑垃圾和污染物的排放，减少施工过程对环境的负面影响，为绿色建造的全面开展奠定了良好基础。

3. 建筑业向高质量发展，绿色建造时代开启（2014年至今）

建筑业的发展虽然一路历经风雨，但始终在持续前行。随着PPP模式的推广、"一带一路"倡议的提出、供给侧结构性改革的推行、中国特色社会主义进入新时代、中美贸易战等一系列新时点的来临，建筑业发展也进入了新的阶段。

2014年财政部发布了《关于推广运用政府和社会资本合作模式有关问题的通知》《政府和社会资本合作模式操作指南（试行）》，国家发展改革委发布了《关于开展政府和社会资本合作的指导意见》《政府和社会资本合作项目通用合同指南（2014版）》，大大促进了PPP模式在全国各地的快速推进，PPP模式给建筑市场带来了深刻变化。

2015年3月，国家发展改革委等部门联合发布了《推动共建丝绸之路经济带和

21 世纪海上丝绸之路的愿景与行动》。2017 年境外业务完成营业额 11382.9 亿元，同比增长 7.5%，新签合同额 17911.2 亿元，同比增长 10.7%，"一带一路"沿线国家业务已占境外业务总量的近一半。2018 年全国有 69 家企业入围国际承包商 250 强，上榜企业数量蝉联各国榜首。

2015 年 11 月，中央领导小组会议提出供给侧结构性改革战略，这一战略通过调整产业结构、区域结构、投入结构、排放结构、动力结构以及分配结构，提高企业的资源配置效率与可持续发展能力，进而提高企业的竞争力。供给侧结构性改革既是建筑业的一次前所未有的机遇，也是一次挑战。

党的十九大报告指出，我国经济已由高速增长阶段转向高质量发展阶段，正处在转变发展方式、优化经济结构、转换增长动力的关键期，建设现代化经济体系是跨越关口的迫切要求和我国发展的战略目标。伴随着建筑业向高质量发展，雄安新区率先开始绿色建造试点示范工作，并发布了《雄安新区绿色建造导则》；其后住房城乡建设部又相继开展了"绿色建造与建筑业转型发展研究""推进绿色建造试点工作政策措施研究""绿色建造关键技术研究与示范"等课题的研究，这些工作将研究绿色建造相应工作机制、实施方案和政策措施，鼓励有条件的地区积极开展试点。通过解决绿色建造过程中碰到的各类问题，及时总结试点过程中的好做法、好经验，梳理形成可复制、可推广的经验，为引导绿色建造、绿色再生、绿色消纳的健康发展提供基础。

2020 年 12 月，住房城乡建设部办公厅为推进绿色建造工作，促进建筑业转型升级和城乡建设绿色发展，经研究，决定在湖南省、广东省深圳市、江苏省常州市开展绿色建造试点工作，并发布了《绿色建造试点工作方案》。

2021 年 2 月，国务院印发《关于加快建立健全绿色低碳循环发展经济体系的指导意见》，重点强调了我国将开始建设绿色低碳循环发展体系和绿色低碳全链条，"加快基础设施绿色升级""绿色生产""绿色生活""绿色建设""及时发布绿色技术推广目录"等，这正说明我国已开启绿色建造时代。

针对绿色建造的总体要求、主要目标和技术措施，住房城乡建设部办公厅在 2021 年 3 月 16 日发布了《绿色建造技术导则（试行）》，指出绿色建造应将绿色发展理念融入工程策划、设计、施工、交付的建造全过程，充分体现绿色化、工业化、信息化、集约化和产业化的总体特征。

2021 年 10 月，国务院印发的《2030 年前碳达峰行动方案》，为工业、交通运输、建筑等领域如何实现碳达峰制定了路线图。其中明确要推广绿色低碳建材和绿色建造方式，加快推进新型建筑工业化，大力发展装配式建筑，推广钢结构住宅，推动建材循环利用，强化绿色设计和绿色施工管理。江苏、黑龙江、四川、天津等省市发布的"十四五"建筑业发展规划中，均提出要大力推进绿色建造、工业化建造、智能建造融合发展。

此外，绿色建造还在使用绿色环保建材、降低建造过程中的污染排放等方向上不懈探索，助力碳减排。在建筑行业的转型与变革期，在绿色发展的新机遇驱动下，绿色建造正为行业注入新动能，在推动行业高质量发展的同时，也为碳达峰、碳中和目标的实现贡献着力量。

1.2.2 绿色建造取得的主要成绩

回顾走过的历程可以发现，我国绿色建造法规、政策、标准及管理不断完善，绿色建造水平逐步提高，绿色建造涉及的各个过程或环节都已具有了一定的发展水平，并不断迈向新台阶。

1. 建筑节能跨越式增长

从 1986 年的"一步"节能开始，全国范围内经历了 30%、50%、65% 的三步走节能方案，从居住建筑延伸到公共建筑，从严寒寒冷地区拓展到夏热冬冷和夏热冬暖地区，从设计到施工进一步到验收，建筑节能理念深入人心，外保温和门窗性能以及设备系统效率提升。

30 余年时间，我国颁布了居住建筑节能（五类气候区）、公共建筑节能、农村建筑节能、节能产品等标准规范，形成了比较系统的节能技术体系和标准体系。根据测算，截至 2019 年底，我国新建和完成节能改造的建筑，每年可实现节能能力近 3 亿 t 标准煤，可减少二氧化碳排放 7.4 亿 t，有效减缓了建筑能耗总量增长速度。

截至 2020 年底，我国累计建成节能建筑面积超过 238 亿 m^2，节能建筑占城镇民用建筑面积比例超过 63%。我国绿色节能建筑实现跨越式增长。

2. 绿色建筑全面发展

"十三五"期间我国绿色建筑发展整体上步入了一个新的台阶，进入全面、高速发展阶段。在项目数量上，继续保持着规模优势，每年新增项目数量约 3500 个。

2020 年当年新建绿色建筑占城镇新建民用建筑比例达 77%。截至 2020 年底，全国获得绿色建筑标识的项目累计达到 2.47 万个，建筑面积超过 25.69 亿 m^2。按照各省市公布的绿色建筑面积累加，全国绿色建筑面积累计为 59.84 亿 m^2（含地标和完成施工图审查面积），具体见图 1.2.2–1。

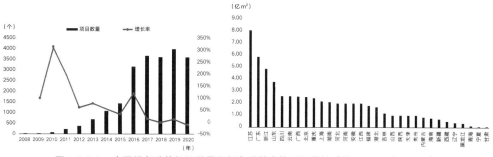

图 1.2.2-1　全国绿色建筑标识数量和绿色建筑实施面积统计（截至 2020 年 12 月）
（a）全国绿色建筑标识项目数量情况；　（b）2006~2020 年各地累计绿色建筑实施面积

3. 绿色施工不断推进

第一，绿色施工理念深入人心，施工过程中关注"四节一环保"的基本理念已完全确立。在政府机关单位的倡导下，各科研、建设、设计和施工等单位都意识到其重要性，在工程项目中更加重视绿色施工策划与推进，对传统施工技术进行绿色审视，对绿色施工新技术进行研究开发，对绿色施工的有关经验进行总结推广，建立在技术推进基础上的绿色施工成效明显。第二，在住房城乡建设部的引导下，相关施工规范、技术标准和评价标准不断完善，为绿色施工起到了推进和指导作用。第三，绿色施工的行业机构陆续成立，加强了绿色施工的推进、人才培养和相关工作的领导和管理。第四，持续开展的绿色施工示范工程和评比活动，起到了明显的示范和带动作用，激发了建设（开发）和施工单位推进绿色施工的积极性，有效促进了我国绿色施工的发展。

4. 绿色建造实践领域不断扩大

在国家政策的引导下,我国在地下空间、居住社区、摩天大厦、体育场馆、文教建筑、医疗建筑、工业厂房、交通枢纽、装配式建筑、智能建筑等方面，绿色建造的理论和技术均进行了实践，并取得了举世瞩目的成就（图 1.2.2-2）。

除了建筑，绿色建造理念在湿地和矿区生态修复，提高城市安全韧性水平，构建智慧城市，打造便利的交通网络，促进固废循环，整治乡村人居环境，振兴乡村经济等方面都起到了至关重要的作用。

1.2.3 绿色建造发展面临的问题

我国发展绿色建造的机遇与挑战并存，对于如何走出一条适合我国国情的绿色建造之路，还面临着诸多问题和障碍。

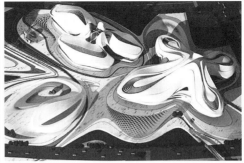

北京凤凰国际传媒中心（2012年）　　　　　长沙梅溪湖国际文化艺术中心（2016年）

上海中心大厦（2016年）　　　　　　　上海佘山世茂洲际酒店（2018年）

哈尔滨歌剧院（2016年）　　　　　北京世园会中国馆（2019年开工）

图 1.2.2-2　2012 年以来我国建成的部分代表性建筑

1. 人们对绿色建造存有的误解难以消除

现在建筑界普遍认为先进的技术和没有形成规模化的管理制度会增加施工成本，从而认为绿色建造技术在施工阶段会耗费比一般的建筑施工更多的资金预算。这种认识误区的产生本身就有逻辑性的错误，绿色建造技术是以低耗能低耗材的"四节一环保"作为支持理念，从另一个角度来说，节约施工费用就是在推行绿色建造技术。

2. 绿色建造引领作用的推进力度需要加强

不论是政府部门还是企业，都需要一定的效益，无论是政府需要的社会效益、环境效益，还是企业较为看重的经济效益，其实通过绿色建造都可以实现。因此政府部门就更应在绿色建造工作中全面承担其应尽的责任来发挥其主导作用，但因当前多数地方性政府尚未出台相应政策以及制定规范性的标准和制度来支持绿色建造项目，政府的阶段性规划目标也没有为绿色建造设计长远的计划，使得绿色建造的实施变成了"纸上谈兵"。

3. 缺乏对绿色建造推广实施的鼓励政策

绿色建造技术的推广不仅需要政府和相关部门的支持，更需要制定长效的鼓励政策来弥补绿色建造机制的空缺。影响绿色建造推广的因素较多，政府及有关部门应实施调查并对影响因素中比重较大的几个因素进行政策的调节和改善，做到激励和鼓舞建筑企业在投标项目时，首先想到对项目进行绿色建造。

4. 目前的工程管理模式不利于推广绿色建造技术

我国工程建造的过程属于多主体共同参加，且多种主体之间相互存在约束，使之构成了一个多元责任网络主体制度。现有的传统施工模式中，不论是政府参与下的PPP、BOT 模式，还是受发包人委托的 EPC 模式，都没有形成基于绿色建造技术的绿色立项、绿色设计结合绿色施工共同推进的系统化、规范化绿色建造模式。建筑全寿命期中的策划、设计和施工没有较好地融入绿色建造的理念，因此无法保障绿色建造实施综合效益的最大化。

绿色建造是在全社会倡导"可持续发展""循环经济"和"低碳经济"等大背景下提出的一种新型建造理念，在当今绿色发展的要求下不断被重视，其核心是"环境友好、资源节约、过程安全、品质保证"。实现这一理念，推进绿色建造，需要各方面的努力和政策、技术、管理等方面的支撑。上述问题的解决，将会有效推进绿色建造的发展，任重道远，道阻且长，行则将至。

1.2.4 绿色建造发展的社会认知情况

现阶段，我国绿色建造发展取得的成绩有目共睹，存在的问题同样较为清晰。但是，社会大众特别是专业人士对于绿色建造的认知度和认可度到底怎样呢？报告编写组带着这些问题在全国范围内进行了一次问卷调研。本次调研问卷设置了 17 道与绿色建造相关的问题,涉及"所在地区开展绿色建造推介、培训、实践工作的情况""所在单位开展绿色建造推介、培训、实践工作的情况""个人对绿色建造整体的了解情况""绿色建造概念是什么""绿色建造主要包括什么内容""绿色建造主要优势有哪些""绿色建筑项目建造过程中主要考虑哪些环节""现阶段阻碍我国绿色建造发展的不利因素""哪些技术和管理模式对于我国绿色建造的发展最为重要""对绿色建造相关政策标准的了解程度""现阶段出台相关的绿色建造评价标准的重要性""对绿色建造技术的了解程度""绿色建造技术被选用的最主要原因""绿色建筑材料与普通建筑材料相比,其优点是否明显""哪些企业在推广绿色建造中更具优势""国家下一步应该如何加强推广绿色建造""未来几年推进绿色建造在中国发展的动力是什么",通过单选或多选形成受访者的答案。本次活动主要调研对象来自投资建设、总包和分包企业、勘察设计单位等,共收回有效问卷1052份,调研结果具体分析如下。

(1)多数建筑领域从业人员对于绿色建造有一定的了解,比例超过了70%;但是,绿色建造活动推介、培训、工程实践等具体实施工作尚处于前期阶段,50%左右的受访单位刚刚起步。

(2)由于受到传统的绿色建筑理念影响,多数受访人认为"四节一环保"是绿色建造的重点内容,其中80%以上的人认为节材和节能最重要。

(3)受访人普遍认为成熟的绿色建造产业链将是未来影响绿色建造发展的重要因素,因为80%的受访人认为现阶段产业链发展与绿色建造要求存在一定差距。

(4)绿色建造评价标准的出台与实施,迫在眉睫,几乎全部受访人都觉得有必要出台相关标准。

(5)受访人中有80%左右对于"双碳"政策十分熟悉,但对于近期发布的一系列关于绿色建造的政策了解较少,只有半数人听说过。

(6)超过八成受访人认为绿色建造开展力度的最主要决定权在于投资建设单位,也就是"谁出钱谁定事"。

1.3 组织管理模式

2019年9月,国务院办公厅转发《住房城乡建设部关于完善保障体系提升建筑工程品质指导意见的通知》,其明确提出要完善管理体系,重点要改革工程建造组织模式,新型组织模式对于绿色建造的推广和应用具有重要意义。

　　绿色建造组织管理模式转型方向主要包括两个方面：工程总承包和全过程工程咨询。总体来说组织管理模式转型方向呈现协同化、一体化特征，旨在促进设计、生产、施工深度融合，打通建设项目全产业链，建立技术协同标准和管理平台，高效配置资源，从而进一步提高建造集约化水平。

1.3.1 工程总承包

1. 工程总承包概述

（1）工程总承包内涵与优势

　　工程总承包是指从事工程总承包的企业受业主委托，按照合同约定对工程项目的勘察、设计、采购、施工、试运行等全过程或若干阶段实行总承包，并对工程质量、施工安全、工期和造价等全面负责的工程建设组织实施方式。工程总承包并不是一般意义上施工承包的重复式叠加，它是区别于一般土建承包、专业承包，具有独特内涵的一种组织模式。它是一种以向业主交付最终产品服务为目的，对整个工程项目实行整体构思、全面安排、协调运行的前后衔接的承包体系。它将过去分阶段分别管理的模式变为各阶段通盘考虑的系统化管理，可提高建设项目工程总承包管理水平，促进建设项目工程总承包管理的规范化，推进建设项目工程总承包管理与国际接轨。

　　依据《建设部关于培育发展工程总承包和工程项目管理企业的指导意见》（建市〔2003〕30号）的规定，工程总承包主要有如下方式：

　　1）设计采购施工总承包（EPC）：设计采购施工总承包是指工程总承包企业按照合同约定，承担工程项目的设计、采购、施工、试运行服务等工作，并对承包工程的质量、安全、工期、造价全面负责。

　　2）交钥匙总承包：交钥匙总承包是设计采购施工总承包业务和责任的延伸，最终是向业主提交一个满足使用功能、具备使用条件的工程项目。

　　3）设计—施工总承包（D—B）：设计—施工总承包是指工程总承包企业按照合同约定，承担工程项目设计和施工，并对承包工程的质量、安全、工期、造价全面负责。

　　根据工程项目的不同规模、类型和业主要求，工程总承包还可采用设计—采购总承包（E—P）、采购—施工总承包（P—C）等方式。

　　EPC是工程总承包最常见的模式，其主要工作内容包括设计、采购、施工三个部分：设计包括方案设计、设备主材的选型、施工图及综合布置详图设计以及施工与采购规划在内的所有与工程的设计、计划相关的工作；采购包括设备采购、设计分包以及施工分包等工作内容，其中有大量的对分包合同的评标、签订合同以及执行合同的工作，工作内容广泛，工作步骤也较复杂；施工包括全面的项目施工管理，如施工方法、安全管理、品质保证、费用控制、进度管理、设备安装调试、工作协调等。

在实际运用中，EPC往上下游延伸，产生了多种衍生模式，它们的工作内容有所差异，但均属于工程总承包的范畴，主要包括：

1）设计—采购—施工管理（EPCm）：总承包商负责工程项目的设计、采购和施工管理，不负责组织施工，但对承包工程的质量、安全、工期、造价全面负责。

2）设计—采购—施工监理（EPCs）：总承包商负责工程项目的设计、采购和施工监理，业主和施工承包商另外签订合同。

3）设计—采购—施工咨询（EPCa）：指总承包商负责工程项目的设计、采购和施工阶段向业主提供施工咨询服务，但不负责施工的管理和监理。

工程总承包管理理念和方法适用于所有施工总承包项目，其优势有以下几个方面：

一是工程总承包项目管理模式能够整合优化全产业链上的资源，运用信息技术手段解决设计、制作、施工一体化问题，使其发挥最大化的效率和效益，有力推动建筑产业现代化和装配式建筑的有效发展。

二是在工程总承包模式下，总承包企业作为统筹者和主导者，能够全局性地配置资源、高效率地使用资源，充分发挥全产业链的优势，统筹各专业和环节之间的沟通与衔接，减少工作界面，避免浪费，实现项目层面上的动态、定量管理，显著降低建造成本和综合成本。

三是工程总承包的最终目标是建造出高质量、高品质、低排放、低能耗的建筑产品。它不仅涉及主体结构，而且涉及围护结构、装饰装修和设施设备。它不仅涉及科研设计，而且也涉及部品及构配件生产、施工建造和开发管理的全过程的各个环节，总承包企业全过程负责设计、采购、施工、运维等全寿命期的各阶段，并对承包工程的质量、安全、工期、造价等全面负责，因此，其具有足够的动力将工程建设纳入社会化大生产范畴，使工程建设从传统粗放的生产方式逐步向社会化大生产方式过渡。

（2）工程总承包发展现状

工程总承包模式的发展历程伴随着相关政策和规范性法规文件的颁布而不断推进，它的概念在指导实践中经历了由简单到逐渐完善的过程，在不断适应市场发展的情况下正确指引我国工程总承包项目的应用。

1）政策发展情况

"十三五"初期我国工程总承包的推行进入政策发布高峰期，工程总承包逐步迈入规范化发展的时代。

2016年5月，住房城乡建设部《关于进一步推进工程总承包发展的若干意见》（建市〔2016〕93号）提出20条推进工程总承包发展的意见，开展工程总承包试点工作，此后全国各地密集发文大力推广工程总承包，在经历了起步阶段、摸索阶段，我国工程总承包现已进入加速发展阶段。

2017年《国务院办公厅关于促进建筑业持续健康发展的意见》（国办发〔2017〕19号），对建筑业来说具有里程碑意义，可以说是给建筑业指明了未来的发展方向。其中19号文明确指出加快推行工程总承包。

2017年5月，住房城乡建设部发布《建设项目工程总承包管理规范》GB/T 50358—2017，旨在提高建设项目工程总承包管理水平，促进建设项目工程总承包管理的规范化，推进建设项目工程总承包管理与国际接轨。

2017年7月，住房城乡建设部《关于工程总承包项目和政府采购工程建设项目办理施工许可手续有关事项的通知》（建办市〔2017〕46号）明确，工程总承包项目施工许可证及其申请表中增加"工程总承包单位"和"工程总承包项目经理"栏目，根据总分包合同依法办理施工许可。

2017年12月，住房城乡建设部《房屋建筑和市政基础设施项目工程总承包管理办法（征求意见稿）》对工程总承包发包和承包、项目的实施、计价模式、风险划分等内容进行了明确。

2018年1月1日国家标准《建设项目工程总承包管理规范》GB/T 50358—2017正式实施，对总承包相关的承发包管理、合同和结算、参建单位的责任和义务等方面做出了具体规定。

2018年12月，住房城乡建设部印发《房屋建筑和市政基础设施项目工程总承包计量计价规范（征求意见稿）》，以期指导工程总承包的计量计价。

2019年12月，住房城乡建设部和国家发展改革委联合印发《房屋建筑和市政基础设施项目工程总承包管理办法》（建市规〔2019〕12号），全文共计四章28条，明确了工程总承包发包阶段、资质和资格条件、合同价格形式、开放资质互申、分包方式等内容。该管理办法自2020年3月1日起正式实施，标志着我国工程总承包的发展开启新篇章。2020年我国工程总承包模式的营业收入超过3.3万亿元，从2011年到2020年的年复合增长率为17%。

2020年8月，住房城乡建设部等九部门联合印发《关于加快新型建筑工业化发展的若干意见》（建标规〔2020〕8号），明确要求大力推行工程总承包。

2）试点推进情况

为贯彻国家相关指导意见和管理办法，深化建设项目组织实施方式改革，探索研究适应工程总承包发展的企业管理机制和组织实施方式，各省市积极出台工程总承包的实施指导意见。自 2016 年，浙江省、福建省、上海市、贵州省、杭州市、江苏省、重庆市、青海市、山东省、四川省等地相继公布了工程总承包试点企业名单。

继 2014 年第一批次试点企业公布之后，2016 年 2 月，浙江省住房和城乡建设厅再次公布浙江大学建筑设计研究院有限公司等 43 家企业作为工程总承包第二批试点企业；2017 年底至 2018 年底，江苏省分批次公布了工程总承包试点企业名单，企业数量累计达到 232 家；2019 年，安徽省、青海省、山东省等地累计公布试点企业 100 余家；2020 年 7 月，四川省公布了包含中国建筑西南设计研究院有限公司、中铁二局集团有限公司在内的试点企业 156 家。

3）市场交易情况

随着国家配套政策的出台，各省市积极响应，稳步推进工程总承包工作，整体市场交易情况稳中向好。东南沿海等政策开放较早的地区工程总承包开展情况稍优于中西部地区；中西部地区以成都市、重庆市作为代表城市的交易情况，也总体较为良好。据不完全统计，广州市 2020 年度房建、市政领域工程总承包交易额占全市建设工程交易总额的 11%，深圳市作为建筑业高质量发展的先行示范区，占比高达 15%。上海市则基本在投资金额 2 亿元以下的房建和市政项目上采用工程总承包模式，年度交易规模较小。

4）国际发展情况

工程总承包作为国际工程项目主流建设模式，已成为"一带一路"项目的主角。从印尼爪哇岛上的雅万铁路，到克罗地亚南部的佩列沙茨跨海大桥；从乌干达的卡鲁马水电站项目，到秘鲁安第斯山深处的奥永至安博公路项目等都采用了工程总承包模式。放眼全球，"一带一路"合作成果遍地开花，带来的民生福祉实实在在，赢得了国际社会广泛认同。据统计，2020 年，我国企业承揽的境外基础设施类工程项目 5500 多个，累计新签合同额超过 2000 亿美元，占当年合同总额的 80%。其中，一般建筑、水利建设类项目新签合同额增长较快，同比分别增长 37.9% 和 17.9%。

大力推进工程总承包模式快速发展，是必然的选择，也是建筑业未来发展不可逆转的趋势。

2. 工程总承包与绿色建造

无论是设计施工一体化，还是 EPC 的设计、采购、施工一体化，工程总承包的核心均是设计与施工的结合与集成，是对工程全过程的质量、安全、工期和造价等全面负责的工程建设组织实施方式。这一整体打包的方式，加强了设计、采购、施工等各阶段融合，提升了专业、资源的整合。能够有效保证绿色建造在建筑工程立项、设计和施工过程中，着眼于工程的全寿命期，坚持以人为本，追求各项活动的资源投入减量化、资源利用高效化、废弃物排放最小化，最终达到"资源节约、环境友好、过程安全、品质保证"的建造目标。这有利于解决绿色建造总体规划、减轻施工过程劳动强度、改善作业条件、节约资源、减少废弃物排放、环境保护等问题。能够促进绿色建造全寿命期的工程立项、设计和施工三个过程的切实协同，助力建筑行业实现"绿色化、工业化、集约化、信息化、产业化"转型升级，为实现国家的绿色化发展要求及"工程总体质量"的高效提升提供有力保障。

（1）建造方式工业化

工业化建造方式与传统建造方式相比具有先进性、科学性，有利于促进工程建设全过程实现绿色建造的发展目标，是一场生产方式的转型。发展装配式建筑是实现建造方式工业化的主要路径，装配式建筑通过标准化工序取代粗放式管理，机械化作业取代手工操作，工厂化生产取代现场作业，地面性作业取代高空生产，从而提高建筑质量，减少使用后期维护成本。同时，现场作业的粉尘、噪声、污水大大减少，工程工期较大缩短，环境的影响大为减少。然而装配式建筑的发展，对工程工期、质量、经济效益、社会效益等方面的要求也会越来越高，这为工程总承包模式的应用提供了千载难逢的契机。大力推行工程总承包管理模式为推动我国装配式快速发展，产业结构调整升级，加快供给侧结构性改革，实现城乡建设技术进步和建筑业转型升级发挥着重要作用。

（2）建造手段信息化

信息化作为工程总承包管理和绿色建造的手段，不仅可以促进建造活动技术进步、提高效率，推动绿色化和增强精益化，而且将导致生产方式的根本性变革，促进建造活动整体素质的提升。通过信息互联技术与建筑企业生产、建造技术和管理深度融合，实现建造活动的数字化和精益化。通过正向 BIM、大数据、智能化、移动通信、云计算、物联网等信息技术集成应用，建立"互联网 +"环境下的工程总承包项目多参与方协同工作模式，实现产业链各参与方的协同工作，能够有效推动智慧工地的普及，加强对施工现场扬尘、噪声等污染情况实施动态监测、控制和优化管理。

（3）建造管理集约化

绿色建造要从全局角度寻求新的发展模式，必须统筹兼顾、整体施策、多措并举，运用一体化建造方式系统推进，对各环节进行统一筹划与协调，对工程的各要素进行一体化统筹与平衡。在统筹过程中进行融合与集成创新，实现更高水平的资源节约与环境保护。工程总承包模式有利于打通项目全产业链条，建立技术协同标准和管理平台，可以更好地从资源配置上，形成工程总承包统筹引领、各专业公司配合协同的完整绿色产业链，有效发挥社会大生产中市场各方主体的作用，并带动绿色建造相关产业和行业的发展。

（4）建造过程产业化

发展绿色建造从产业链的前端就要开始考虑到对建筑物进行绿色化设计，以绿色技术为引领，以绿色材料为基础，减少资源消耗，延长建筑物使用寿命，考虑后期的资源化再利用，并使建筑物拆除及废弃物能够回收再利用后回归到工厂化生产中，形成一条闭环的、可持续发展的新型建筑产业链，让建筑业企业在这条产业链上不断反复循环，让产业链中的上下游企业获得持续收益，实现整体生态效益最大化。工程总承包作为工程建设全寿命期中一贯到底的管理模式，能够明确产业链中谁是主体，理顺整个建造环节中谁起核心作用，将工程建设的全过程联结为完整的一体化的产业链，使资源优化、整体效益最大化，实质、有效地响应建筑产业现代化的要求，实现建筑产业现代化的发展目标，加快完善工程建设材料循环利用的静脉产业链。

1.3.2 全过程工程咨询

改革开放以来，我国工程咨询服务市场化快速发展，形成了投资咨询、招标代理、勘察、设计、监理、造价、项目管理等专业化的咨询服务业态，部分专业咨询服务建立了执业准入制度，促进了我国工程咨询服务专业化水平提升。随着我国固定资产投资项目建设水平逐步提高，为更好地实现投资建设意图，投资者或建设单位在固定资产投资项目决策、工程建设、项目运营过程中，对综合性、跨阶段、一体化的咨询服务需求日益增强。这种需求与现行制度造成的单项服务供给模式之间的矛盾日益突出。为了破解工程咨询市场供需矛盾，必须完善政策措施，创新咨询服务组织实施方式，大力发展以市场需求为导向、满足委托方多样化需求的全过程工程咨询服务模式。

2017 年 2 月 21 日，《国务院办公厅关于促进建筑业持续健康发展的意见》（国办发〔2017〕19 号）发布，要求 EPC 加快推行工程总承包，完善工程建设组织模式，培育全过程工程咨询。该意见指出：鼓励投资咨询、勘察、设计、监理、招标代理、造价等企业采取联合经营、并购重组等方式发展全过程工程咨询，培育一批具有国际水平的全过程工程咨询企业。制定全过程工程咨询服务技术标准和合同范本。政府投资工程应带头推行全过程工程咨询，鼓励非政府投资工程委托全过程工程咨询服务。在民用建筑项目中，充分发挥建筑师的主导作用，鼓励提供全过程工程咨询服务。

1. 全过程工程咨询内容

全过程工程咨询服务是指对工程建设项目全寿命期提供组织、管理、经济和技术等各有关方面的工程咨询服务。工程咨询服务方综合运用多学科知识、工程实践经验、现代科学技术和经济管理方法，采用多种服务方式组合，为委托方在项目投资决策、建设实施乃至运营维护阶段持续提供局部或整体解决方案的服务活动。

项目全过程工程咨询可划分为项目决策、工程建设、项目运营三个阶段，各阶段的主要内容如下：

1）项目决策阶段：主要内容有规划咨询、咨询策划、投资机会研究、投资申请咨询、专项评估报告等。

2）工程建设阶段：主要内容有报批报建、项目管理、工程勘察、工程设计、招标代理、工程监理、造价咨询、BIM 咨询、绿色建造咨询等。

3）项目运营阶段：项目全过程咨询的最后一个阶段，也是检验项目是否实现决策目标的关键环节，主要内容有运营管理策划、运营维护咨询、项目后评价与绩效评价等。

（1）全过程工程咨询内涵与优势

全过程工程咨询的内涵是以客户需求为导向，以实现建设项目目标为宗旨，整合建设项目全寿命期各项咨询服务，满足一体化咨询服务需求，用以提高工程质量、保障安全生产、推进绿色建造和环境保护、促进科技进步和管理创新，实现资源节约、费用优化，从而提升建设项目综合效益，达到建设项目全寿命期价值最大化。全过程工程咨询的特点主要有：

1）全过程：围绕项目全寿命期持续提供工程咨询服务；

2）集约化：整合投资咨询、招标代理、勘察、设计、监理、造价、项目管理等业务资源和专业能力，实现项目组织、管理、经济、技术等全方位一体化，实现工程项目咨询的整体性、连续性和灵活性；

3）多方案：采用多种组织模式，为项目提供局部或整体多种解决方案。

就单个建设项目而言，全过程工程咨询的优势主要有：

1）节省项目投资成本：采用承包商单次招标的方式，可使其合同成本大大低于传统模式下设计、造价、监理等参建单位多次发包的合同成本。由于咨询服务覆盖工程建设全过程，这种高度整合各阶段的服务内容更有利于实现全过程投资控制，通过限额设计、优化设计和精细化管理等措施提高投资收益，确保项目投资目标的实现。

2）缩短项目建设周期：一方面，可大幅度减少业主日常管理工作和人力资源投入，确保信息的准确传达，优化管理界面；另一方面，不同于传统模式冗长繁多的招标次数和期限，可有效优化项目组织和简化合同关系，有效解决了设计、造价、招标、监理等相关单位责任分离、相互脱节的矛盾，有利于加快工程进度，缩短建设周期。

3）提高项目建设品质：各专业过程的衔接和互补，可提前规避和弥补原有单一服务模式下可能出现的管理疏漏和缺陷，承包商既注重项目的微观质量，更重视建设品质、使用功能等宏观质量，该模式还可以充分调动承包商的主动性、积极性和创造性，促进新技术、新工艺、新方法的应用。

4）减小项目建设风险：承包商作为项目的主要参与方和尽责方，尽力发挥全过程管理优势，通过强化管控避免生产安全事故，从而有效降低建设单位主体责任风险。

就我国建筑行业而言，推广全过程工程咨询具有如下重要意义：

1）有利于提高我国整体建设工程管理水平、实现建设投资综合效益最大化：全过程工程咨询企业能够发挥其专业特长以及系统管理和资源整合的优势，能够紧密围绕建设目标进行集约化管理，发挥建设工程项目咨询工作连贯性的优势，能更好地提高建设工程的管理水平，实现投资综合效益的最大化。

2）有利于促进工程建设实施组织方式的变革和建筑业增长方式的转变：全过程的工程咨询服务方式更能调动工程咨询服务企业的积极性和能动性，充分发挥工程咨询企业内部的、主动的沟通协调作用，有效协调各环节之间的关系，减少项目业主的协调工作量、减少矛盾、提高效率，促进工程建设实施组织方式的变革和建筑业的增长方式的转变。

3）有利于相关政府行政主管部门的管理推行：全过程的工程咨询服务方式，需要有关建设行政主管部门克服对工程咨询服务行业条块分割管理的问题，有利于促进政府相关部门改进工作作风、实现简政放权。对于国有投资的建设工程项目，采用全过程的工程咨询服务方式，可以大幅度减少政府直接干预或管理建设工程项目具体事务的现象。

4）有利于提升工程咨询企业的综合实力和竞争力：开展建设工程项目的全过程咨询服务，可促进工程咨询企业加快转型升级，加强内功修炼，加强资源整合，实现强强联合，有利于提高我国工程咨询企业综合实力和市场竞争力，有利于其走出去并参与国际竞争。

（2）全过程工程咨询发展现状

国务院办公厅印发的《关于促进建筑业持续健康发展的意见》，是国家在建筑工程全产业链中首次明确提出"全过程工程咨询"这一概念，旨在适应发展社会主义市场经济和建设项目市场国际化需要，提高工程建设管理和咨询服务水平，促进建筑行业绿色智慧创新发展，保证工程质量和投资效益，打造"中国建造"品牌。

2017 年 5 月 2 日，住房城乡建设部发布了《关于开展全过程工程咨询试点工作的通知》（建市〔2017〕101 号），选择北京、上海、江苏、浙江、福建、湖南、广东、四川 8 省市以及 40 余家企业开展全过程工程咨询试点。通知要求各试点省市和企业制定试点工作方案、创新管理机制、实现重点突破、确保项目落地、实施分类推进、提升企业能力和总结推广经验。随后，各试点省市和试点企业相继出台全过程工程咨询试点工作方案。

2019 年 3 月 15 日，国家发展改革委和住房城乡建设部发布《关于推进全过程工程咨询服务发展的指导意见》（发改投资规〔2019〕515 号）就在房屋建筑和市政基础设施领域推进全过程工程咨询服务发展提出相关意见，同时表明房屋建筑项目如果由设计院牵头可以实行建筑师负责制。

建筑师负责制是国际通行的一种工程建设组织管理模式，是以担任建筑工程项目设计主持人或设计总负责人的注册建筑师为主导的管理团队，开展全过程管理工作，使工程建设符合建设单位使用要求和社会公共利益的一种工作模式。在我国，自 2016 年起伴随着一系列政策的发布，改革工程建设组织模式、充分发挥建筑师的主导作用、推进建筑师负责制的要求日渐明晰。

2016 年 2 月《中共中央 国务院关于进一步加强城市规划建设管理工作的若干意见》（中发〔2016〕6 号）中提出：培养既有国际视野又有民族自信的建筑师队伍，进一步明确建筑师的权利和责任，提高建筑师的地位。

2016 年 11 月建筑师负责制试点工作在上海自贸区拉开帷幕，此后相继在广西南宁、雄安新区、福建自贸区厦门片区、深圳等多个城市先后启动试点工作，为建筑师负责制的推进奠定了基础。截至目前，全国试点项目数十项，其中以上海自贸区试点项目为主。

2020 年 6 月住房城乡建设部同意北京市开展建筑师负责制试点工作，随后北京市陆续出台了《北京市建筑师负责制试点指导意见》《低风险工程建设项目推行建筑师负责制的意见》等一系列政策文件，为推行建筑师负责制按下了"加速键"。

2021 年 7 月 8 日，北京北重科技文化产业园总体规划设计及一期工程建筑师负责制项目中标公示结束，这是北京市建筑师负责制试点项目的第一单。中标设计院将按照建筑师负责制的要求，负责该项目的安全鉴定、勘察测量、建筑改造、室内装修、园区管网更新及园林景观等设计总包工作，以及全流程的项目管理、全过程造价咨询、招标采购、报批报建等建设管理工作，涵盖了所有的勘察设计工作和绝大部分咨询服务工作。

2. 全过程工程咨询与绿色建造

2020年12月31日《住房和城乡建设部办公厅关于开展绿色建造试点工作的函》（建办质函〔2020〕677号）决定在湖南省、广东省深圳市、江苏省常州市开展绿色建造试点工作，工作方案中明确试点地区应指导试点项目采用EPC工程总承包、全过程工程咨询等集约化组织管理模式。下面从三方面阐述绿色建造项目采用全过程工程咨询的必要性。

（1）绿色建造的目标要求采用全过程工程咨询

新时代对城乡建设提出了绿色发展要求，城乡建设面临重重挑战、压力巨大，迫切需要转型发展。绿色建造作为城乡建设绿色发展的重要组成部分，就是探索城乡建设如何实现保护与转型并重、建造活动与绿色发展同步、经济发展与生态文明协调为导向的高质量发展新路径。绿色建造要求在工程的全过程，均要实现节约资源、保护环境、减少排放的目标，实现更高层次、更高水平的生态效益，为人民提供生态优质的建筑产品和服务，而这和全过程工程咨询的目标是高度契合的。

同时，绿色建造是推动建筑业转型升级的抓手，是融入国际工程承包的必然途径，因此绿色建造是高度契合全过程工程咨询的建造方式，两者相辅相成，相互促进，一起实现我国建筑业健康发展与国际化的目标。

为了达成绿色建造的碳排放目标，我们还需要在建筑领域碳达峰相关指标核算体系、技术创新和标准体系等多方面开展研究，积极拓展绿色建造在新建建筑、既有建筑改造、城市基础设施建设、房地产转型发展、乡村振兴等方面应用场景，扩大绿色建造发展空间，全过程负责项目绿色建造理念落地，推动建筑领域实现碳达峰和碳中和目标。在实现这一目标的过程中，设计行业作为最佳"领航员"，可以通过建筑师实现源头控碳，此时采用建筑师负责制也是实现绿色建造目标的有效途径。

（2）绿色建造的特征要求采用全过程工程咨询

绿色建造以"绿色化、工业化、信息化、集约化、产业化"为特征，切实把绿色发展理念融入生产方式的全要素、全过程和各环节。由于全过程工程咨询提供的综合性、跨阶段、一体化的咨询服务，是实现绿色建造五个特征的有效组织模式。

在全过程咨询的同时采用建筑师负责制可在前端设计将低碳环保理念融入建设全过程，转变高物耗、高污染和粗放型的建造方式；可通过绿色策划，确定减排目标、指标及主要路径；可统筹兼顾建造活动各阶段，通过减量化、资源化、可循环的方式，实现材料资源节约的目标；可在设计中积极采用绿色性能更好的装配式建筑等工业化建造方式；可将信息化作为绿色建造的手段，促进设计、施工、运维一体化；可从全局角度寻求新的集约化组织模式，统筹兼顾、整体施策、多措并举，对各环节进行统一筹划与协调，实现更高水平的资源节约与环境保护；可在产业化的视角下重新审视绿色建造活动，通过资源共享以及上下游的互利关系将相关产业资源进行绿色化整合，发展循环经济，形成完整的绿色产业链条。

（3）绿色建造的流程要求采用全过程工程咨询

绿色建造主要包含三个阶段，即工程立项绿色策划、绿色设计和绿色施工，三个阶段的实施流程与全过程工程管理的实施流程是契合的，且都要求统筹考虑工程建造全过程，避免工程后期的变更，形成更有效的工作方式，达成工程建造的绿色化。绿色建造不同阶段的全过程工程咨询管控要点详见表 1.3.2-1 ~ 表 1.3.2-3。

立项绿色策划阶段工程咨询管控要点 　　　　　　表 1.3.2-1

序号	全过程工程咨询要项	绿色建造要点	工程咨询管控要点
1	投资机会分析及项目建议书	绿色建造目标、投资回报、认证体系的适用性	分析项目定位目标、商业模式、社会效益需求，比较不同认证标准体系的差异性及市场应用分析，给出最适合项目的绿色建造体系建议
2	项目可行性研究	绿色建造目标可实现，增量投资可控	分析场地气候及资源环境，就不同绿色建造目标的可达性进行初步评估分析；开展初步增量造价分析，供决策支持
3	专项申报与受理	场地生物多样性、场地径流及水土保持、低碳交通可达性、社区资源共享、场地微气候（通风、噪声）、区域能源利用等	结合项目节能节水节材评估、环境影响评价、安全与职业卫生评价、水土保持方案、交通影响评价等前期审批流程，对项目绿色建造相关因素进行重点测评分析，并给出合理开发建议

绿色设计阶段工程咨询管控要点 　　　　　　表 1.3.2-2

序号	全过程工程咨询要项	绿色建造要点	工程咨询管控要点
1	勘察设计管理与优化	节约用地、场地生态保持、良好的室外微气候、便捷交通及共享空间；能源高效利用及智能控制；节水及健康饮水；安全节约型结构体系、减震防灾体系、生态循环建材使用；良好的室内光声热环境及空气品质	在概念方案、方案设计、扩初设计、施工图设计、专项深化设计等不同阶段，结合规划、建筑、结构、暖通空调、给水排水、电气等主体设计工种，以及幕墙、景观、照明、智能化、内装、声学、雨中水系统、可再生能源建筑一体化等不同专项设计工种，开展绿色建造相关要素设计提资、专项分析、图纸审核及优化咨询

		绿色施工阶段工程咨询管控要点	表 1.3.2-3

序号	全过程工程咨询要项	绿色建造要点	工程咨询管控要点
1	施工项目管理与监理	良好的场地环境（扬尘、噪声、污水、眩光等污染排放控制）；施工废弃物的循环利用；预制装配式等高效施工技术；施工材料及设备符合绿色设计要求；环保健康的施工工艺控制，如化学污染源隔离、风管内粉尘控制及冲洗、机电调试等	建立良好的施工管理制度和管控流程；纳入日常施工例会管控，开展不定期专项巡检及统计监督；对施工方、第三方测评机构提供的成果予以审核确认
2	招标投标管理	符合服务供应商、材料及设备采购控制	在招标文件中纳入材料、设备性能参数、施工工艺及后续运维要求，对供应商进行专项审核
3	全过程造价咨询	确保设计、施工方案及工程变更方案满足预期的绿色建造目标及造价目标	结合设计、施工方案及工程变更，及时开展绿色建造增量分析，协同管理项目成本与绿色建造目标
4	全过程 BIM 咨询	采用数字化性能手段实现设计优化和施工管控，为后期运维提供良好的数据基础	建立全寿命期协同的 BIM 标准和平台体系；BIM 协同设计审核；建筑能源模拟、建筑物理数字化性能分析；建筑 BIM 管控及造价分析平台纳入绿色建造专项因素
5	竣工管理与备案	开展项目竣工调试，满足项目目标和设计标准	组织开展机电调试、竣工能源及环境专项测评

　　根据绿色建造的实施流程，要求建筑、结构、机电设备、装饰装修等各专业相互协同，后一阶段的因素要提前纳入到前一阶段的策划中，因此需要统筹考虑绿色建造全过程，形成更有效的工作方式，实现立项绿色策划、绿色设计、绿色施工一体化，达成工程建造的绿色化。而传统的工程建设组织模式中，建设单位、勘察单位、设计单位、施工单位、工程监理单位等各单位对工程质量的责任按不同的工程阶段分散负责。当有事故发生，须厘清责任、公平地找出需要负责任的单位时，这样的规定很难执行。为了匹配绿色建造的流程要求，并解决传统工程建设组织模式中责任不清的问题，采用全过程工程咨询，同时可以根据项目约束情况和项目目标采用建筑师负责制是一个有效选项。

1.4 环境保护

1.4.1 扬尘与大气保护

1. 概述

扬尘也被称为逸散尘，由于往往处于无组织排放状态，因此又被称为无组织尘或无组织扬尘。所谓无组织尘，是指在生产过程中由于无密闭设备或设备不完整，无排气筒或烟囱，通过非密闭的通风口排向大气的颗粒物，以及道路、露天作业场所或废弃物堆放场所等在风力、人为活动或两者共同作用下排向大气的颗粒物，随时间和空间变化较大。本书所称扬尘主要指建造过程中施工现场产生的施工扬尘。根据《防治城市扬尘污染技术规范》HJ/T 393—2007 的定义，施工扬尘是指"在城市市政基础设施建设、建筑物建造与拆迁、设备安装工程及装饰修缮工程等施工场所和施工过程产生的扬尘。市政基础设施包括交通系统（包括道路、桥梁、隧道、地下通道、天桥等）、供电系统、燃气系统、通信系统、供热系统、防洪系统、污水处理厂、垃圾填埋场等及其附属设施"。建筑与城市是地球上规模最大、分布最广的人工环境，施工活动是人类最重要的生存活动之一，显然也是对生态环境造成破坏的重要根源。

各类施工活动产生的施工扬尘与环境大气颗粒物污染状况紧密相关，是城市大气颗粒物的主要来源之一，在大城市这种情况显得尤为突出。施工现场的扬尘是一个重要的污染因素，会威胁建筑人员的安全，破坏周边环境。扬尘会伴随着建筑工程施工进行的全过程，从土石方基础工程到装饰装修工程的各个阶段都会有不同程度的扬尘排放，因此施工现场的扬尘污染情况不容忽视。

2. 施工扬尘来源、分类和危害

（1）施工扬尘来源

社会和经济的快速发展加大了城市高层建筑的施工量以及市政工程的改建量、旧建筑拆除量，施工过程中的扬尘使得城市的空气环境污染日渐加剧。经过调研发现，城市施工扬尘产生的主要原因有：一是拆除旧建筑以及旧建筑拆除以后在清理施工现场建筑垃圾的过程中会产生扬尘污染；二是城市建筑施工过程中的地基开挖、基础施工等过程会产生扬尘；三是水泥、砂石、泥浆等建筑材料进行搅拌时会产生扬尘；四是城市的道路进行面积拓宽、城市高架桥、立交桥等市政工程建筑施工会产生扬尘；五是建筑施工现场的道路尚未完全硬化或者路面有沉积物等，车辆过往时会产生扬尘；

六是建筑施工现场的建筑材料保管方式不妥善，会因风力而产生扬尘；七是建筑施工的现场管理不妥善，有野蛮施工以及建筑违规操作的现象出现，会导致扬尘的产生。

（2）施工扬尘分类

目前，施工扬尘污染根据其主要来源，可以分为以下几种类型：

一是施工过程扬尘，即在城市市政建设、建筑物建造与拆迁、设备安装工程及装修工程等施工过程中产生的扬尘。施工过程产生的建筑尘为城市主要的扬尘源，也是扬尘污染控制的首要对象。通过调查，了解到施工过程扬尘产生的主要根源有4个：

1）在工程开工前的开挖土石方：建筑工地基础工程大都采取"大开挖"作业方法，防尘措施不够完备。

2）建筑施工现场管理不规范：施工现场的硬化、绿化不达标，扬尘较多；现场的材料堆放管理较乱，建筑垃圾清运不及时且现场的围挡不严密等。

3）建筑材料和建筑垃圾的搬运：车辆运输过程中，由于封闭不严密，从地方建材的入出场、建筑垃圾的清运，到土石方的搬运都会产生大量的施工扬尘。

4）拆迁作业过程中产生的大量尘土。

二是道路扬尘。即道路上的积尘在一定的动力条件，如：风力、机动车碾压或人群活动的作用下，一次或多次扬起并混合，进入环境空气中形成不同粒度分布的颗粒物形成道路扬尘。经调查，道路积尘主要来源于机动车携带的泥块、沙尘、物料等抖落遗撒，如：车轮从建筑工地、矿场、未铺装道路等携带的泥和尘，车载物料的遗撒等。

三是堆场扬尘。堆场扬尘是指各种工业原料堆（如粉煤灰堆、煤堆等）、建筑料堆（如砂石、水泥、石灰等）、化工固体废弃物（如冶炼灰渣、燃煤灰渣、化工渣、其他工业固体废物）、建筑工程渣土及建筑垃圾、生活垃圾等由于堆积和风蚀作用下等造成的扬尘。虽然堆场扬尘对受体的贡献量化有一定的难度，但它们仍然会造成比较明显的局部扬尘污染。

（3）施工扬尘危害

对于扬尘污染来说，是由其中粒径较大的颗粒物组成的，常会被阻挡在上呼吸道系统中，如果扬尘颗粒在10μm以下就会进入下呼吸道，而在2.5μm以下，其就会积聚在肺泡中，引发一系列疾病，严重时可导致肺衰竭而死。

在一些工厂或者是建筑工地，因施工人员活动或机械的运转而产生大量扬尘悬浮在空中，其不仅会使粉尘浓度增加，同时也会降低大气质量，尤其是在大城市，粉尘浓度更高。因粉尘中含有大量的重金属且反应后容易产生有毒物质，不仅会影响周围植物生长，同时也会影响人们的身体健康。毕竟含有重金属元素的粉尘颗粒会随着空气运动，一旦其中微细颗粒进入人们呼吸道系统、积留在肺泡中，就会引发一系列疾病。再加上扬尘中含有大量细菌和病毒，扬尘会成为细菌和病毒的介质加快传播速度，严重影响人们身体健康。

此外，因现场扬尘而引发的问题也会随之增多，这样不仅无法保证施工顺利进行和保证施工质量，同时也会给工厂及建筑施工单位造成重大损失（表1.4.1-1）。

施工阶段扬尘发生与控制汇总

表 1.4.1-1

施工阶段 / 活动	扬尘源	扬尘类型	抑制措施	控制难度
土石方基础施工与拆除施工	裸露土体风蚀、机械扰动、运输车辆	土壤尘、道路尘、堆场尘	围挡、洒水、湿作业、土体固结	最难
主体结构施工	材料加工、搬运、车辆运输	水泥尘、木屑粉尘、矽尘	围挡、洒水、车辆管理	一般
装饰装修施工	材料加工	水泥尘、其他扬尘	湿作业	难
材料与废弃物运输	运输车辆、机械扰动	道路尘、土壤尘	同土石方基础施工、车辆管理	难

3. 主要控制技术

（1）控制技术发展情况

施工扬尘控制措施一般可以分为防止与抑制两种类型。防止是指通过改变施工活动工艺等手段，阻止扬尘的产生途径或改变扬尘的排放模式，从源头控制扬尘的产生，如清洁技术替代传统技术工艺革新等。抑制主要采用减缓与隔离两种办法。减缓措施是通过采取工程手段减少扬尘的排放强度，如洒水、覆盖、围挡、冲洗；隔离措施是指通过采用屏障阻隔、吸附扬尘对外界传播、影响的途径，如防尘棚、防尘网等。从某种意义上讲，防止措施是更有效的措施，需要得到比抑制措施更大的关注度。施工现场扬尘控制技术主要包括以下几类：

1）采取各类清洁技术替代传统技术，如以商品混凝土、预拌砂浆替代现场混凝土和砂浆搅拌、采用真空吸尘机替代人工清扫进行现场垃圾清理等。

2）降低施工活动强度减弱扬尘排放，如施工现场降低运输车辆的车速、大风天停止施工等。

3）增加裸露粉尘颗粒物之间的黏结力，降低扬尘排放潜势，如喷洒水、化学抑尘剂等。

4）利用隔绝物阻止颗粒物的扬起或捕捉已扬起的颗粒物，如路面硬化铺装、粗骨料或网格布覆盖方式阻隔，以及植被吸收等。

5）降低风速以减少颗粒物的扬起，如防尘网、围挡等。

1）、2）种措施可认为是防止措施，3）、4）、5）为抑制措施。总体来说润湿或封闭抑尘和减缓风速是目前施工现场控制扬尘最常用的手段（表1.4.1-2）。

常规施工扬尘控制措施 　　　　　　　　　　　　　　　　　　　表 1.4.1-2

扬尘排放源	推荐的控制措施
散料处理	减缓风速，润湿
货车行驶	润湿、道路铺装、化学抑尘剂
大型推土机	润湿
铲运机	行驶道路润湿
挖/填物料处置	减缓风速、润湿
挖/填运输	润湿、道路铺装、化学抑尘剂
一般施工活动	减缓风速、润湿、提前进行道路铺装

通过对全国若干在建工程进行调查，目前施工现场主要扬尘控制技术共计20项。其中属于防止措施的是：混凝土静力爆破技术，高层建筑垃圾垂直管道运输技术，静力拆除、绳锯、水钻机及水锯降尘技术，全自动洗车台控尘技术，木工机械布袋吸尘机技术，吸尘机应用技术，推拉封闭式垃圾料斗应用技术，可控制渣土装载扬尘抑制技术；属于抑制措施的是：管道喷雾降尘技术、喷雾机降尘技术、人工洒水降尘技术、现场路面及基坑周边自动喷淋降尘技术、化学抑尘剂应用技术、生物抑尘剂应用技术、防尘棚应用技术、绿化降尘技术、防尘网运用技术、特殊环境空气净化应用技术、扬尘监测集成技术、无尘自吸打磨机应用技术。

（2）控制技术清单（表1.4.1-3）

施工扬尘控制技术清单 　　　　　　　　　　　　　　　　　　　表 1.4.1-3

序号	技术名称	类别	使用建议
1	混凝土静力爆破技术	防止	■重要 □一般
2	高层建筑垃圾垂直管道运输技术	防止	□重要 ■一般
3	静力拆除、绳锯、水钻机及水锯降尘技术	防止	■重要 □一般
4	全自动洗车台控尘技术	防止	■重要 □一般

序号	技术名称	类别	使用建议
5	木工机械布袋吸尘机技术	防止	□重要 ■一般
6	吸尘机应用技术	防止	□重要 ■一般
7	管道喷雾降尘技术	抑制	■重要 □一般
8	喷雾机降尘技术	抑制	□重要 ■一般
9	人工洒水降尘技术	抑制	□重要 ■一般
10	现场路面及基坑周边自动喷淋降尘技术	抑制	□重要 ■一般
11	化学抑尘剂应用技术	抑制	□重要 ■一般
12	生物抑尘剂应用技术	抑制	■重要 □一般
13	防尘棚应用技术	抑制	■重要 □一般
14	绿化降尘技术	抑制	■重要 □一般
15	防尘网运用技术	抑制	□重要 ■一般
16	特殊环境空气净化应用技术	抑制	□重要 ■一般
17	扬尘监测集成技术	抑制	■重要 □一般
18	推拉封闭式垃圾料斗应用技术	防止	■重要 □一般
19	无尘自吸打磨机应用技术	抑制	■重要 □一般
20	可控制渣土装载扬尘抑制技术	防止	■重要 □一般

4. 技术发展导向及趋势

施工现场扬尘控制技术最开始比较被动，靠人们已经发现扬尘严重或被周围居民投诉后，采取洒水、围挡等措施进行控制。随着绿色施工的发展，扬尘控制技术开始呈多元化发展，人们从源头减少、过程控制、事后监测多方面着手，尝试综合治理扬尘。从发展轨迹可以发现，施工现场扬尘控制技术将朝以下 5 个方向发展：

（1）多种技术组合，向多功能发展

现场的扬尘控制不再会是采用单一的技术，而是会结合工程实际情况，组合多种技术，共同使用。组合也分内部组合和外部组合，内部组合是指单就扬尘控制而言，多种技术组合使用，如可调节式雾状喷淋降尘系统，喷雾管道结合人工洒水一起进行，做到整个现场无死角。外部组合是指扬尘控制技术与其他绿色施工措施组合使用，如自动化洗车台＋循环水利用技术，就结合了扬尘控制、节材和节水三项技术。未来的发展，这样的组合将更多元，更多功能。

（2）原有技术改良，创新升级

扬尘控制技术在推广的同时，也在不断地改良创新升级。例如洗车台技术已由原来的自制设备升级为定型化设备；化学抑制剂也已在做无害化处理，并开始在向更新型环保的生物抑制剂的方向拓展研究。这些都表明人们在使用抑尘技术时已意识到必须兼顾节约能源、安全环保，不能顾此失彼，因此未来的技术必定是更安全、更先进的。

（3）管理和技术结合得更紧密

在环境保护方面，很多时候通过加强管理也能达到一定控制效果。没有管理辅助，再好的技术，效果也难以令人满意。所以，在技术发展的同时，施工现场的相关管理措施也在进步，未来的扬尘控制技术，一定是管理和技术相结合的。例如，建立制度管理、及时的预警报告和技术设备治理结合的综合扬尘抑制体系。

（4）源头控制比重加大

从源头降低扬尘的产生相对扬尘产生后采取措施去补救，无论是抑尘效果还是处理成本都更佳。因此，施工现场扬尘控制技术的发展势必会更倾向于从源头控制扬尘的产生。这就要求大部分的工程机械设备在今后的研发过程中应该将环保的成分优先考虑，同时对于工程机械运转环境也应该做进一步的环保优化。

（5）技术更加智能化

随着机械化、自动化程度的提高，扬尘控制技术将更智能化，人工操作越来越少，甚至消失不见，未来施工现场的扬尘控制将靠精密的仪器测量，电脑自动控制，机械自动完成，降尘效果自动反馈记录。这样的发展，既有利于提高降尘效果，又有利于节省人工，同时可以避免人为抑尘处理的误差。

1.4.2 排污与水环境保护

1. 概述

《中华人民共和国水污染防治法》指出："水污染是指水体因某种物质的介入，而导致其化学、物理、生物或者放射性等方面特性的改变，从而影响水的有效利用，危害人体健康或者破坏生态环境，造成水质恶化的现象。"上述的概念说明了水污染是由于外界物质进入水体，使水质发生了改变，影响了水的利用价值或者使用条件的现象。

在维系人的生存以及保持经济发展的过程中，水的重要性是毋庸置疑的。但随着我国工业化和城镇化进程加快的同时，我国的水环境也面临着很大的挑战。中国是世界上十三个缺水国家之一，水污染使我国已经面临的水短缺的现状更是雪上加霜。我国的江河湖泊普遍受到污染，90%的城市水环境污染也较为严重。水污染降低了水资源的使用功能，给我国的可持续发展战略带来了不利影响。

建筑活动是破坏环境资源、污染环境的主要活动之一。建设项目在施工阶段会从很多方面对环境造成影响，如现场扬尘的出现、污水的排放、噪声的产生、固体废弃物的弃置、光污染和放射性污染的产生、资源的浪费、能源的消耗等。

2. 施工水污染来源、分类和危害

（1）施工水污染来源

施工项目造成水污染的来源主要有：施工作业排污、基坑降水排水、施工机械设备清洗、实验室器具清洗和后勤生活污水。但由于各施工项目在实施过程中的施工方法迥异，现场所在地以及工地的面积和工种不一，造成水污染的途径和形式也各有差异。比如工程需要疏浚、磨桩或钻探，在这种情况下造成的水污染相对比较大。

（2）施工水污染分类

根据施工项目造成水污染的污染物质性质，我们可将水体污染分为：化学性质污染、物理性质污染及生物性质污染。化学性质污染包括酸碱污染、需氧性有机物污染、营养物质污染和有机毒物污染；物理性质污染有悬浮固体污染和热污染；生物性质污染则是指微生物进入水体后，令水体带有病原生物。

（3）施工水污染危害

就一般施工项目而论，施工水污染造成的危害可分为以下5种：

1）施工过程中污染物无序排放

在建筑工地上水经过使用后常被掺杂了多多少少的污染物，比如沙泥、油污等，如果污水能被自行消化、吸收或循环再用，避免随意排放，便可以舒缓工地水体污染的情况，然而，往往碍于各种主观因素和客观因素，在施工项目中产生的污水会被排放于工地之外，常常会造成附近水体受到污染。

2）施工过程中污染物随意弃置

在施工现场产生的污染物有三种形态：液体、固体及固液混合。其中液体的污染物往往没处理便被排放，从而引致水体污染。余下两种形态的污染物则通常被运往工地外弃置，在被弃置的地方通过地下水、河流和海域等污染水体。

3）生活污水

由于在工地常常会修建食堂及厕所以供施工人员使用，因此这两个地方常会产生生活污水。其中食堂产生的污水有洗涤食物水、肥皂水；厕所产生的污水则包括人类排泄物及冲厕水。其中的排放物常含有大量的生物营养物，在排放后易对附近环境造

成水体污染，造成较为严重的后果。

4）降雨径流

降雨常会随着附近的山涧、河流进入施工现场，在工地地面上造成径流或积存，再混杂上工地的污染物，比如沙泥，便会造成污水，经排放后污染水体，影响环境。

5）意外事故

施工现场意外事故的发生常常会引致水体污染，比如发生化学物品泄漏、工地火灾或者水灾。每个施工现场都或多或少会存在一些潜在危机，例如工地在火灾时，便会有大量的水喷射作急救之用，就会造成工地大量用水积存及排放，进而污染水体。

城市地下工程的发展及城市的基础工程施工也会对地下水资源产生不利影响。如果在工程施工中不注重对地下水资源的保护和监测，地下水资源将会遭受严重的流失和污染，给经济的发展和生活环境造成巨大的负面影响。譬如对于大型工程来说，随着基础埋置深度越来越深，基坑开挖深度的增加不可避免地会遇到地下水。由于地下水的毛细作用、渗透作用和侵蚀作用均会对工程质量有一定影响，所以必须施工中采取措施解决这些问题。通常的解决办法有两种，即降水和隔水。降水对地下水的影响通常要强于隔水对地下水的影响。降水是强行降低地下水位至施工底面以下，使得施工在地下水位以上进行，以消除地下水对工程的负面影响。该种施工方法不仅造成地下水大量流失，改变地下水的径流路径，还由于局部地下水位降低，邻近地下水向降水部位流动，地面受污染的地表水会加速向地下渗透，对地下水造成更大的污染。更为严重的是由于降水局部形成漏斗状，改变了周围土体的应力状态，可能会使降水影响区域内的建筑物产生不均匀沉降，使周围建筑或地下管线受到影响甚至破坏，威胁人们的生命安全。另外，由于地下水的动力场和化学场发生变化，便会引起地下水中某些物理化学组分及微生物含量发生变化，导致地下水内部失去平衡，从而使污染加剧。另外，施工中为改善土体的强度和抗渗能力所采取的化学注浆，施工产生的废水、洗刷水、废浆以及机械漏油等，都可能影响地下水质。

3.主要控制技术

（1）控制技术发展情况

目前对施工现场污水的处理，主要体现在现场设置沉淀池，污水可经沉淀达标后排入市政管网。但沉淀池的有限空间可能在污水收集后还未来得及处理达标，就已排入市政管网，无形中造成了市政水污染。况且也没有一种科学合理的施工现场污水净化设备。收集池过大在施工现场相对狭小的空间又不现实，污水无法有效收集，制约了污水的监测与处理。

目前雨水及基坑降水经沉淀后已可在施工现场再利用，但施工污水种类、性质均有很大不同，其余污水再利用率几乎为零。

1）车辆清洗处及固定式混凝土输送泵

车辆清洗处及固定式混凝土输送泵旁设置沉淀池，污水经沉淀后排入市政排水设施或综合循环利用，沉淀池内的泥沙定期清理干净，并妥善处理。施工现场产生的泥浆严禁排入市政排水设施。

2）油料和化学溶剂等

施工现场存放的油料和化学溶剂等物品应设有专门的库房，地面应做防渗漏处理。废弃的油料和化学溶剂等列入《国家危险废物名录》的危险废物应按规定集中处理，不得随意倾倒。

3）生活区污水

食堂、盥洗室、淋浴间及化粪池的排放应符合相关标准的要求。食堂严禁将食物加工废料、食物残渣及剩饭等倒入下水道，尽量使用无磷洗涤剂清洗餐具；按规定设立隔油池，指派专人或委托有资格的单位定期清理等。

另外，采取隔水措施阻绝施工污水对土壤及地下水的污染也是污水处理的措施之一。

（2）技术清单

施工全过程污水控制技术清单如表 1.4.2-1 所示。

施工全过程污水控制技术清单　　　　　　表 1.4.2-1

序号	技术名称	类别	使用建议
1	地下工程施工污水处理技术	处理	■重要 □一般
2	施工区污水再利用技术	再利用	■重要 □一般
3	富水易风化炭质页岩隧道污水处理施工技术	处理	■重要 □一般
4	生活污水净化循环利用系统	再利用	■重要 □一般
5	民用建筑项目中污水处理系统	处理	□重要 ■一般
6	地下工程施工隔水处理技术	处理	■重要 □一般

4. 技术发展导向及趋势

（1）具有脱氮除磷功能的污水处理工艺仍是今后发展的重点

《城镇污水处理厂污染物排放标准》GB 18918—2002 对污水氮磷有明确的要求，

因此已建城镇污水处理厂需要改建，增加设施去除污水中的氮、磷污染物，达到国家规定的排放标准，新建污水处理厂则须按照标准《城镇污水处理厂污染物排放标准》来进行建设。目前，对污水生物脱氮除磷的机理、影响因素及工艺等的研究已是一个热点，并已提出一些新工艺及改革工艺，如 MSBR、倒置 A^2/O、UCT 等；并且积极引进国外新工艺，如 OCO、OOC、AOR、AOE 等。对于脱氮除磷工艺，今后的发展要求不仅仅局限于较高的氮磷去除率，而且也要求处理效果稳定、可靠、工艺控制调节灵活、投资运行费用节省。目前，生物除磷脱氮工艺正是向着这一简洁、高效、经济的方向发展。

（2）高效率、低投入、低运行成本、成熟可靠的污水处理工艺是今后的首选工艺

我国是一个发展中国家，经济发展水平相对落后，而面对日益严重的环境污染，国家正加大力度来进行污水的治理，而解决城市污水污染的根本措施是建设以生物处理为主体工艺的二级城市污水处理厂，但是，建设大批二级城市污水处理厂需要大量的投资和高额运行费，这对我国来说是一个沉重的负担。目前我国的污水处理厂建设工作，因为资金的缺乏很难开展，部分已建成的污水处理厂由于运行费用高昂或者缺乏专业的运行管理人员等原因而一直不能正常运行，因此对高效率、低投入、低运行成本、成熟可靠的污水处理工艺研究是今后的一个重点研究方向。

（3）对产泥量少且污泥达到稳定的污水处理工艺的研究

目前，污水处理厂所产生的污泥处理是我国污水处理事业中的一个重点和难点。2003 年中国城市污水厂的总污水处理量约为 95.9562×10^8 t/a，城市平均污水含固率为 0.02%，则湿污泥产量为 965.562×10^4 t/a，并且污泥的成分很复杂，含有多种有害有毒成分，如此产量大而且含有大量有毒有害物质的污泥如果不进行有效处理而排放到环境中去，则会给环境带来很大的破坏。

目前我国污泥处理处置的现状不容乐观：据统计，我国已建成运行的城市污水处理厂，污泥经过浓缩、消化稳定和干化脱水处理的污水厂仅占 25.68%，不具有污泥稳定处理的污水厂占 55.70%，不具有污泥干化脱水处理的污水厂约占 48.65%。这说明我国 70% 以上的污水厂中不具有完整的污泥处理工艺，而解决此问题的一个有效办法是：污水处理厂采用产泥量少且污泥达到稳定的污水处理工艺控制，这样可以在源头上减少污泥的产生量，并且可以得到已经稳定的剩余污泥，从而减轻了后续污泥处理的负担。目前，我国已有部分工艺可做到这一点，如生物接触氧化法工艺、BIOLAK工艺、水解 – 好氧工艺等，但是对产泥量少且污泥达到稳定的污水处理工艺的系统研究还没有开始。

（4）因地制宜，组合多种技术

针对复杂的施工现场和施工过程，单一的、从始至终的污水控制技术显然是不科学的，未来污水控制技术势必是多种技术的组合，协同控制。但组合的前提，一定是因地制宜。

（5）加强管理与控制

通过智能化手段，有效监控污水排放是否达标，并有针对性地采取一系列控制措施，最终将污水控制在扩散之前。

1.4.3 建筑垃圾与资源化利用

1. 概述

住房城乡建设部 2011 年颁布的《生活垃圾产生源分类及其排放》CJ/T 368（现已废止），将城市垃圾按其产生源分为十大类，即居民家庭、清扫保洁、园林绿化、商业服务网点、商务事务办公、医疗卫生、交通物流场站、工程施工现场、工业企业及其他垃圾产生场所。建筑垃圾即为在工程施工现场所产生的城市垃圾，建筑垃圾通常和工程渣土归为一类。根据建设部 2003 年颁布的《城市建筑垃圾和工程渣土管理规定》，建筑垃圾、工程渣土，是指建设、施工单位或个人对各类建筑物、构筑物等进行建设、拆迁、修缮及居民装饰房屋过程中所产生的余泥、余渣、泥浆及其他废弃物。建筑垃圾按照来源可分为土地开挖、道路开挖、旧建筑物拆除、建筑施工和建材生产垃圾五类。自 2005 年 6 月 1 日起施行的《城市建筑垃圾管理规定》所称建筑垃圾，是指建设单位、施工单位新建、改建、扩建和拆除各类建筑物、构筑物、管网等以及居民装饰装修房屋过程中所产生的弃土、弃料及其他废弃物。行业标准《建筑垃圾处理技术标准》CJJ/T 134—2019 对建筑垃圾的定义为：工程渣土、工程泥浆、工程垃圾、拆除垃圾和装修垃圾等的总称。包括新建、扩建、改建和拆除各类建筑物、构筑物、管网等以及居民装饰装修房屋过程中所产生的弃土、弃料及其他废弃物，不包括经检验、鉴定为危险废物的建筑垃圾。其中工程渣土是指各类建筑物、构筑物、管网等基础开挖过程中所产生的弃土；工程泥浆是指钻孔桩基施工、地下连续墙施工、泥水盾构施工、水平定向钻及泥水顶管等施工产生的泥浆；工程垃圾是指各类建筑物、构筑物等建设过程中产生的弃料；拆除垃圾是指各类建筑物、构筑物等拆除过程中产生的弃料；装修垃圾是指装饰装修房屋过程中产生的废弃物。

2. 建筑垃圾来源、分类和危害

（1）建筑垃圾来源

建筑垃圾是由各类建筑物、构筑物、管网等新建、改建、扩建和拆除以及居民装修房屋过程中所产生的开挖渣土、废弃物料和其他废弃物等组成，它是随着人类的建设活动而产生的。

（2）建筑垃圾分类

按照建筑废弃物的来源可分为土地开挖、道路开挖、旧建筑物拆除、建筑施工和建材生产垃圾五类，主要由渣土、碎石块、废砂浆、砖瓦碎块、混凝土块、沥青块、废塑料、废金属料、废竹木等组成。

1）土地开挖垃圾

各类建筑物、构筑物、管网等基础开挖过程中产生的弃土，分为表层土和深层土。前者可用于种植，后者主要用于回填、造景等。

2）道路开挖垃圾

各类城镇道路建设、修缮及拆除过程中产生的弃料，主要包括金属、沥青混合料、混凝土、路基材料等。

3）旧建筑物拆除垃圾

各类建筑物、构筑物等拆除过程中产生的弃料，主要包括金属、混凝土、沥青、砖瓦、陶瓷、玻璃、木材、塑料等。

4）建筑施工垃圾

分为剩余混凝土和建筑碎料，剩余混凝土是指工程中没有使用掉而多余出来的混凝土，也包括由于某种原因（如天气变化）暂停施工而未及时使用的混凝土。建筑碎料包括凿除、抹灰等产生的旧混凝土、砂浆等矿物材料，以及木材、纸、金属和其他废料等类型，此外还包括新房子装饰装修产生的废料，主要有：废钢筋、废铁丝和各种废钢配件、金属管线废料，废竹木、木屑、刨花、各种装饰材料的包装箱、包装袋；散落的砂浆和混凝土、碎砖和碎混凝土块，搬运过程中散落的黄砂、石子和块石等。其中，主要成分为碎砖（碎砌块）、混凝土、砂浆、桩头、包装材料等，约占建筑施工垃圾总量的80%。

①碎砖（碎砌块）：砖（砌块）主要用于建筑物承重和围护墙体。产生碎砖（碎砌块）的主要原因是：a.组砌不当、设计不符合建筑模数或选择砖（砌块）规格不当、砖（砌块)尺寸和形状不准等原因引起的砍砖；b.运输破损；c.设计选用过低强度等级的砖（砌块）或砖（砌块）本身质量差；d.承包商管理不当；e.订货太多等。

②砂浆：砂浆主要用于砌筑和抹灰。产生砂浆废料的主要原因是在施工操作过程

中不可避免地散落；拌和过多、运输散落等也是造成砂浆废料的原因。

③混凝土：混凝土是重要的建筑材料，用于基础、构造柱、圈梁、梁柱、楼板和剪力墙等结构部位。施工中产生混凝土垃圾废料的主要原因是浇筑时的散落和溢出、运输时的散落、商品混凝土订货过多以及由于某种原因（如天气变化）暂停施工而未及时使用。

④桩头：对于预制柱，达到设计标高后，将尺寸过长的桩头部分截去；对于灌注桩，开挖后要将上部浮浆层截去。截下的桩头成为施工垃圾废料。

⑤包装材料：散落在施工现场的各类建筑材料的包装材料也是垃圾废料的一部分。

5）建材生产垃圾

主要是指为生产各种建筑材料所产生的废料、废渣；也包括建材成品在加工和搬运过程中所产生的碎块、碎片等。如，在生产混凝土过程中难免产生的多余混凝土以及因质量问题不能使用的废弃混凝土，长期以来一直是困扰商品混凝土厂家的棘手问题。经测算，平均每生产 $100m^3$ 的混凝土，将产生 $1 \sim 1.5m^3$ 的废弃混凝土。

（3）建筑垃圾危害

1）占用土地、破坏土壤

目前我国绝大部分建筑垃圾未经处理而直接运往郊外堆放。据估计每堆积 1 万 t 建筑垃圾约需占用 $67m^2$ 的土地。许多城市的近郊常常是建筑垃圾的堆放场所，建筑垃圾的堆放占用了大量的生产用地，从而进一步加剧了我国人多地少的矛盾。随着我国经济的发展，城市建设规模的扩大以及人们居住条件的提高，建筑垃圾的产生量会越来越大，如不及时有效地处理和利用，建筑垃圾侵占土地的问题会变得更加严重，甚至出现随意堆放的建筑垃圾侵占耕地、航道等现象。2006 年 7 月，重庆市巴南区李家沱码头被倾倒了 1 万余吨建筑垃圾，侵占了约 30m 长江航道，一旦出现大雨或洪水，就会使过往船舶陷入搁浅危险。

此外，堆放建筑垃圾对土壤的破坏是极其严重的。露天堆放的城市建筑垃圾在外力作用下侵入附近的土壤，改变土壤的物质组成，破坏土壤的结构，降低土壤的生产力。建筑垃圾中重金属的含量较高，在多种因素作用下会发生化学反应，使得土壤中重金属含量增加，引发农作物中重金属含量增加。

2）污染水体

建筑垃圾在堆放和填埋过程中，由于发酵和雨水的淋溶、冲刷以及地表水和地下水的浸泡而渗滤出的污水（渗滤液或淋滤液），会造成周围地表水和地下水的严重污染。废砂浆和混凝土块中含有的大量水化硅酸钙和氢氧化钙、废石膏中含有的大量硫酸根离子、废金属料中含有的大量金属离子。同时废纸板和废木材自身发生厌氧降解产生木质素和单宁酸并分解生成有机酸，建筑垃圾产生的渗滤水一般为强碱性并且还有大量的重金属离子、硫化氢以及一定量的有机物。如不加控制让其流入江河、湖泊或渗入地下，就会导致地表和地下水的污染。水体被污染后会直接影响和危害水生生物的生存和水资源的利用。一旦饮用这种受污染的水，将会对人体健康造成很大的危害。

3）污染空气

建筑垃圾在堆放过程中，在温度、水分等作用下，某些有机物质会发生分解，产生有害气体。例如，废石膏中含有大量硫酸根离子，硫酸根离子在厌氧条件下会转化成具有臭鸡蛋味的硫化氢；废纸板和废木材在厌氧条件下可溶出木质素和单宁酸，两者可生成挥发性的有机酸。建筑垃圾中的细菌、粉尘随风吹扬飘散，造成对空气的污染。少量可燃性建筑垃圾在焚烧过程中又会产生有毒的致癌物质，造成对空气的二次污染。

4）影响市容

目前我国建筑垃圾的综合利用率很低，许多地区建筑垃圾未经任何处理，便被运往郊外，采用露天堆放或简易填埋的方式进行处理。工程建设过程中未能及时转移的建筑垃圾往往成为城市的卫生死角，混有生活垃圾的城市建筑垃圾如不能进行适当的处理，一旦遇到雨天，脏水污物四溢、恶臭难闻，往往成为细菌的滋生地。而且建筑垃圾大多采用运输车运输，运输过程中不可避免地引起垃圾遗撒、粉尘和灰砂飞扬等问题，严重影响了城市的容貌。可以说城市建筑垃圾已成为损耗城市绿地的重要因素，是市容的直接或间接破坏者。

5）安全隐患

大多数城市建筑垃圾堆放地的选址具有随意性，留下了不少安全隐患。施工场地附近多成为建筑垃圾的临时堆放场所，由于只图施工方便和缺乏应有的防护措施，在外界因素的影响下，建筑垃圾堆出现崩塌、阻碍道路甚至冲向其他建筑物的现象时有发生。

特别是近年来，我国地铁工程快速发展，盾构渣土数量急剧增加。盾构渣土富含表面活性剂（泡沫剂或发泡剂）、高分子聚合物等多种盾构添加剂成分，呈现高流塑性，不易失水干燥，属于对环境具有一定影响的特殊建筑垃圾，如不经过处置进行堆存消纳，会产生严重的空间和环境危害。

6）阻碍城市发展

在城市郊区，建筑垃圾的随意堆放和政府部门管理缺陷，使得很多建设项目无法正常进行，从而无法带动周边经济的发展。随处可见的垃圾给环卫公司和工人造成了极大的困扰，阻碍了城市经济的发展。

3. 主要控制技术

（1）控制技术发展情况

《中华人民共和国固体废物污染环境防治法》确立了我国固体废物污染防治的三化原则，即固体废物污染防治的减量化、资源化、无害化原则，这也是我国废弃物管理的基本政策。

《城市建筑垃圾管理规定》（建设部令第139号），对建筑垃圾处置的技术政策为：建筑垃圾处置实行减量化、资源化、无害化和谁产生、谁承担处置责任的原则。国家鼓励建筑垃圾综合利用，鼓励建设单位、施工单位优先采用建筑垃圾综合利用产品。

1）减量化

建筑垃圾减量化是指减少建筑垃圾的产生量和排放量，是对建筑垃圾的数量、体积、种类、有害物质的全面管理，亦即开展清洁生产。它不仅要求减少建筑垃圾的数量和体积，还包括尽可能地减少其种类、降低其有害成分的浓度、减少或消除其危害特性等。对我国而言，应当鼓励和支持开展清洁生产，开发和推广先进的施工技术和设备，充分合理利用原材料等，通过这些政策措施的实施，达到建筑垃圾减量化的目的。

2）资源化

建筑垃圾资源化是指采取管理和技术手段从建筑垃圾中回收有用的物质和能源，它包括以下三方面的内容：

①物质回收。物质回收是指从建筑垃圾中回收二次物质不经过加工直接使用。例如，将符合要求的工程渣土直接用于回填、压重等以及从建筑垃圾中回收废塑料、废金属、废竹木、废纸板、废玻璃等。

②物质转换。物质转换是指利用建筑垃圾制取新形态的物质。例如，利用混凝土块生产再生混凝土骨料；利用屋面沥青作沥青道路的铺筑材料；利用建筑垃圾中的纤维质制作板材；利用废砖瓦制作混凝土块等。

③能量转换。能量转换是指从建筑垃圾处理过程中回收能量。例如，通过建筑垃圾中废塑料、废纸板和废竹木的焚烧处理回收热量。

3）无害化

建筑垃圾的无害化是指通过各种技术方法对建筑垃圾进行处理和处置，使其不损害人体健康，同时对周围环境不产生污染。建筑垃圾的无害化主要包括两方面的内容：

①分选出建筑垃圾中的有毒有害成分，如建筑垃圾中的含汞荧光灯泡、含铅铬电池、铅管以及其他如油漆、杀虫剂、清洁剂等有毒化学产品，并对其按照危险废物的处理与处置标准进行处理与处置。

②建造专用的建筑垃圾填埋场对分选出有毒有害成分后的建筑垃圾进行填埋处置。

（2）技术清单

建筑垃圾处理处置控制技术清单如表1.4.3-1所示。

建筑垃圾处理处置控制技术清单   表 1.4.3-1

序号	技术名称	类别	使用建议
1	土建装修一体化设计施工技术	减量	■重要 □一般
2	高性能建材应用技术	减量	■重要 □一般
3	可再循环材料利用技术	减量	■重要 □一般
4	新型工业化设计施工技术	减量	■重要 □一般
5	永临结合施工技术	减量	□重要 ■一般
6	泥浆脱水技术	减量	■重要 □一般
7	建筑垃圾分拣分离技术	资源	■重要 □一般
8	骨料整形技术	资源	□重要 ■一般
9	建筑垃圾再生技术	资源	■重要 □一般
10	盾构土无害化处理技术	无害	■重要 □一般

4. 技术发展导向及趋势

（1）加大源头减量力度，是建筑垃圾资源化利用的前提

对建筑垃圾的处理最有利的方式是通过科学管理和技术进步双重手段从源头减少建筑垃圾产生。建筑垃圾是放错了位置的资源，很多时候通过科学管理，如减少设计误差、提升施工质量等，降低返工或误差率，减少建筑垃圾产量；同时，通过技术提升，如用铝合金模板替代传统胶合木模板可以大量减少主体阶段混凝土类建筑垃圾产量等，也可起到同样的效果。

（2）分拣分离工艺得以提升

现阶段我国建筑垃圾再生产品利用率不高很大一部分源于分拣分离工艺不够先进，无法将建筑垃圾各类组成成分严格按再生产品需求分开，导致再生产品性能品质不足以替代非再生产品。

（3）再生产品性能提升

目前生产的再生产品，如再生骨料混凝土、再生骨料砂浆、再生骨料砌块等，因为其力学性能、耐久性能都无法跟非再生产品相比，因此市场认可度不高。未来随着天然资源的匮乏，再生产品的性能提升将成为研发的重点。

（4）降低建筑垃圾危害程度

建筑垃圾之所以具有危害，与施工中混入或添加相关外加剂密切相关，如盾构土开挖期间为加快开挖速度，降低开挖难度添加的膨胀剂或高分子化合物，后期成为盾构土堆填和再利用的有害成分。

1.5 资源节约

资源节约是实现绿色建造的重要环节，是绿色设计与施工的关注焦点，主要贯穿于绿色建造的策划、设计、施工和交付等阶段。

《绿色施工导则》强调"工程建设中，在保证质量、安全等基本要求的前提下，通过科学管理和技术进步，最大限度地节约资源与减少对环境负面影响的施工活动，实现'五节一环保'（节地、节能、节材、节水、人力资源节约和环境保护）"。可见，资源节约对于工程建设具有重要意义。

资源节约包括了四个方面的含义：

以可持续发展为目的；

以科学管理和技术进步为实现途径；

以减少资源消耗和保护环境为特征；

强调的重点是使建造过程的污染排放最小化和资源有效利用最大化。

因为建筑与土地使用、能源消耗、建筑材料、水资源消耗密不可分，建造过程应重点通过这四个要素实现建筑产品全寿命期的资源节约。

1.5.1 节地与城市更新

1. 概述

城市的土地空间是城市的物质载体，也是城市一切经济社会活动发生的场所和经济社会关系的物化表现。中华人民共和国成立以来，我国的城市土地利用实践活动是建立在城市土地公有制基础之上，在国家土地规划的控制范畴内，按照城市规划的思路和布局来实施的。而不同时期城市化土地利用状况也呈现多样化的阶段性特征，具体演进过程如下：

（1）改革开放前（1949～1979年）建设用地情况分析

中华人民共和国成立后的30年间，随着"变消费城市为生产城市"和"以生产建设为中心"方针的实行，城市建设发生了根本性变化。

该阶段住宅建设不是我国城市建设的重点，住宅用地的扩展速度大大落后于工业和仓储用地，如天津市1951～1979年城市建设所征用土地中用于居住的土地仅占17%，武汉市1949～1978年所征用土地中用于生活居住的土地仅为20%。

（2）改革开放初期（1980～1993年）建设用地情况分析

十一届三中全会以后，我国经济领域的重大改革带来了城市经济社会的空前发展，进入20世纪80年代城市化率首次突破20%，到1992年已达27.63%，城市数量由1981年的233个增加到1993年的570个。

城市的功能从过去片面强调"生产建设"转化为"以经济建设为中心"和"满足人民日益增长的物质和文化需要"为核心。随着市场经济的发展和对外开放的推进，1981年我国城市建成区面积0.6720万km^2，到1990年建成区面积增加到1.1608万km^2，10年间增长了近1倍。

（3）现阶段（1994年至今）建设用地情况分析

20世纪90年代我国市场经济改革走向深入，经济社会进入社会主义转型的重要时期。来自国土资源部的统计数据表明，1990～2005年全国城镇建设用地面积从接近1.3万km^2扩大到近3.4万km^2，同期41个特大城市主城区用地规模平均增长超过50%。截至2016年末，全国共有农用地64512.66万ha，其中耕地13492.10万ha，园地95108.67万ha，林地25290.81万ha，牧草地21935.92万ha，建设用地3909.51万ha。

截至2019年末，10年间全国耕地面积减少了1.13亿亩，在非农建设占用地严格落实了占补平衡的情况下，耕地减少的主要原因是农业结构调整和国土绿化。

根据中国社会科学院农村发展研究所、中国社会科学出版社联合发布的《中国农村发展报告2020》预计，到2025年中国城镇化率将达65.5%，新增农村转移人口8000万人以上。"十四五"规划《纲要》中"新增建设用地规模"要求"'十四五'时期新增建设用地规模目标值设定为2950万亩以内"。截至目前，居住用地在总建筑用地中占比超过32%，土地自然供给的刚性、耕地资源的稀缺性与城镇建设对土地无限需求的矛盾，决定了今后土地的供需矛盾会日趋紧张，处理不当易造成人地矛盾的尖锐化。

2. 政策指导

（1）"节地"政策

我国有 960 多万 km² 的陆地国土，但适宜进行大规模、高度工业化开发的国土面积只有约 180 万 km²，其中每年城乡新建房屋建筑面积近 20 亿 m²，其中 80% 以上为高耗能建筑。根据《国民经济和社会发展第十三个五年规划纲要》《全国主体功能区规划（2011 ~ 2020 年）》《全国土地利用总体规划纲要（2006 ~ 2020 年）》《国家新型城镇化规划（2014 ~ 2020 年）》《全国高标准农田建设总体规划（2011 ~ 2020 年）》和《国土资源"十三五"规划纲要》等，提出土地整治的主要目标：

1）在"十二五"期间建成 4 亿亩高标准农田的基础上，"十三五"时期全国共同确保建成 4 亿亩、力争建成 6 亿亩高标准农田（表 1.5.1-1）。

2）坚守耕地红线。围绕落实国家粮食安全战略，坚持最严格的耕地保护制度。

3）落实最严格的节约用地制度，稳妥规范推进城乡建设用地整理。到 2020 年完成 600 万亩城镇低效建设用地再开发，促进单位国内生产总值的建设用地使用面积降低 20%。

"十三五"全国土地整治规划控制指标　　　　表 1.5.1-1

指　标	2020 年
高标准农田建设规模*	4 亿 ~ 6 亿亩
经整治的耕地质量提高程度	1 个等级
补充耕地总量	2000 万亩
农用地整理补充耕地	900 万亩
土地复垦补充耕地	360 万亩
宜耕未利用地开发补充耕地	510 万亩
农村建设用地整理补充耕地	230 万亩
农村建设用地整理规模	600 万亩
城镇低效用地再开发规模	600 万亩

*基于各地耕地利用现状，统筹考虑农产品供需形势和水土资源条件、建设资金等可能，合理确定"十三五"全国高标准农田建设的规模。

（2）"城市更新"政策

我国城市更新可追溯到中华人民共和国成立初期开始的旧城改造，在计划经济时代，实质是以解决城市职工住房问题为主开展的旧城区填空补实和住宅修建活动。

《中国建设统计年鉴》显示，1981 ~ 2019 年我国城市人口从 14400.5 万增加至

43503.7 万，城市建设用地面积从 6720 km² 扩大至 58307.7 km²；城市人口增长 3.02 倍，城市建设用地面积却扩大 8.68 倍。

在此背景下，2015 年党的十八届五中全会将"绿色发展"列为五大发展理念之一，绿色城市更新成为新时代国家城市发展的重要议题。2021 年《中华人民共和国国民经济和社会发展第十四个五年规划和 2035 年远景目标纲要》中明确提出了实施城市更新行动，推进城市空间结构优化和品质提升。

1）"点"——城市绿色微更新

《北京城市总体规划（2016 年 ～ 2035 年）》要求"老城不能再拆""建成区留白增绿"，城市绿色微更新相应提出，城市绿色微更新是通过引进先进的生态营造技术，绿化城市的"碎片化"空间，是一种"点"式更新。

在城市更新管理法律、法规方面，上海出台了《上海市城市更新实施办法》《上海市城市更新规划土地实施细则（试行）》《上海市城市更新规划管理操作规程》《上海市城市更新区域评估报告成果规范》等重要文件，深圳出台了《深圳市城市更新办法》《深圳市城市更新办法实施细则》和《深圳市城市更新标准与准则》等重要文件。

2）"线"——基础设施绿色更新

我国老旧城区的基础设施建设存在设施数量不足、建设标准低、利用管理粗放等问题，亟待进行更新。

2018 年 10 月，国务院办公厅发布《关于保持基础设施领域补短板力度的指导意见》，明确："要保持基础设施领域补短板力度，进一步完善基础设施和公共服务，提升基础设施供给质量"。例如，珠海横琴新区环岛综合管廊是国内第一个服务于整个城市的综合管廊系统（图 1.5.1-1），共计节约土地 40 多万平方米，由此产生的直接经济效益超 80 亿元，为横琴新区的地下空间开发利用提供了基础。

图 1.5.1-1 珠海横琴新区环岛综合管廊

3）"面"——低碳社区绿色更新

据统计，我国城市总建筑能耗的 50% 以上源自社区内的居住建筑。因此，低碳社区更新成为破解能源短缺及能耗过高问题的重要抓手。

2014 年 3 月，国家发展改革委发布《关于开展低碳社区试点工作的通知》，提出在全国开展 1000 个低碳社区试点的目标。2015 年，住房城乡建设部将三亚市作为我国"生态修复、城市修补"（简称"城市双修"）的首个试点城市。

2016 年，国土资源部印发《关于深入推进城镇低效用地再开发的指导意见（试行）》。2017 年，住房城乡建设部出台《关于加强生态修复城市修补工作的指导意见》。在开展绿色城市更新时，应注重以"点"带"面"、以"线"带"面"、以"小面"带"大面"，制定全方位、多层次的战略布局。

一方面，根据国务院 2020 年 7 月公布的《关于全面推进城镇老旧小区改造工作的指导意见》，其中针对 2022 年和"十四五"期末确定了发展目标；另一方面，根据《中华人民共和国国民经济和社会发展第十四个五年规划和 2035 年远景目标纲要》，明确"十四五"期间，完成 21.9 万个城镇老旧小区改造，改造一批大型老旧街区，因地制宜改造一批城中村。

3. 相关技术
（1）TOD 模式

公共交通与城市空间立体化开发的模式（TOD 模式）以公交站点为中心，以 400 ~ 800m 半径建立城市中心（图 1.5.1-2）。城市空间建设存在"地上不足地下补"的片面观念，限制了我国地下空间的开发利用水平。TOD 模式增加商服、住宅及公共

图 1.5.1-2 TOD 项目平面辐射示意图

配套等功能，推动了土地复合利用，提高了土地产出效益。

（2）立体停车库节地技术

利用地下空间建设"井筒式"立体停车库（图1.5.1-3），安装垂直升降停车设备，并通过电脑程序自动实现车辆停车取车。立体停车库有两项优势：

一方面是空间利用率高，可以用极少的土地面积来换取最大的停车位数量，有效实现土地节约集约利用。另一方面是利于环保，有效地减少了二氧化碳的排放量，对城区环境起到了保护作用。

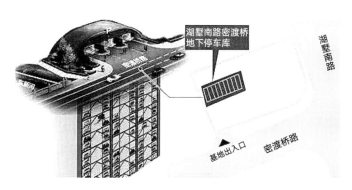

图1.5.1-3 立体停车库节地技术（杭州市密渡桥地下停车库）

（3）"棕地"环境修复技术

"棕地"中产生污染的主要是大工业、冶炼厂、炼铁、有色金属这种工业活动，在进行国家级的集采项目的基础研究时，很多区域都属于高度污染程度；在整个主方向半径十几千米的主导区域，污染等级非常高，亟须大力清理修复（图1.5.1-4）。

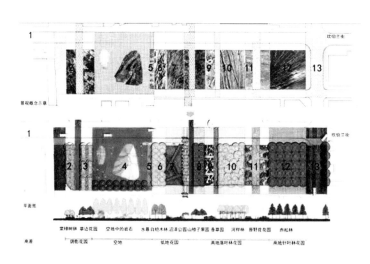

图例 1 坎伯兰大街　　2 棠棣树林　　3 草边花园　　4 加拿大盾形空地中的岩石　　5 水幕
6 白桦木林　　7 安大略湖沼泽/BC道格拉斯期冷杉板路　　8 山楂子果园　　9 香草园岩石花园
10 河桦林　　11 原野花园　　12 欧洲赤松林/烟雾发射器　　13 贝莱尔大街

图1.5.1-4 "棕地"环境修复技术（多伦多约克维尔公园）

4. 实践案例

（1）深圳市前海综合交通枢纽地下空间

以"深圳市前海综合交通枢纽站城一体化开发模式"为代表的典型案例，在推动节约集约用地、提高土地利用效率方面取得积极成效。作为目前最先进的"超大型轨道+上盖综合体"枢纽建设，采用"站城一体化"轨道枢纽建设—以枢纽站为中心的集聚型开发模式，通过地下空间可直接连通市政道路的周边建筑，将地面空间释放并还给城市，实现高度节约用地（图1.5.1-5）。

图 1.5.1-5　深圳市前海综合交通枢纽地下空间

（2）荷花池公园地下停车场节地模式

荷花池地下停车场项目位于扬州，紧邻苏北地区最大的综合性三级甲等医院苏北医院（图1.5.1-6）。本项目旨在满足苏北医院及附近居民小区的停车需求，充分利用地下（水域）空间资源。与传统技术对比，该项目建设全部采用地下空间形式，实际节约土地约100%，用地"零消耗"。

图 1.5.1-6　荷花池公园地下停车场节地模式

1.5.2 节能与新能源利用

1. 概述

我国是能源消费大国，能源作为经济发展的主要生产投入要素之一是经济发展中不可或缺的物质资源。1996 年以来，我国的能源生产与消费总量在不断地提高。到2020 年我国能源消费总量达到约 49.7 亿 tce，相比于 1996 年，年均增长 5.76%。

1996 ~ 2019 年，国内生产总值不断增长，国内能源需求的扩大对能源供给提出了严峻的挑战，能源供需矛盾逐渐显现。

2003 ~ 2005 年为实现经济快速发展，加快工业化发展能源消费增速最快。

2008 ~ 2009 年间，考虑到金融危机对国内经济的冲击，能源增长速度出现较低值后又出现反弹。

自 2012 年后，我国经济发展对能源依赖程度逐渐减弱，能源消费增长速度减缓，我国转变以能源等物质要素投入的粗放型经济发展模式，加快培育发展新兴产业及高新技术产业，坚持走可持续发展道路。

1996 ~ 2019 年中国能源生产和消耗总量、国内生产总值、能源消费增速关系如表 1.5.2-1 所示：

1996 ~ 2019 年中国能源消耗总量、生产总值、能源生产总量　　　表 1.5.2-1

年份	能源生产总量（万 tce）	能源消耗总量（万 tce）	国内生产总值（亿元）	能源消费比上年增长（%）
1996	133032	135192	71813.6	3.1
1997	133460	138909	79715.0	0.5
1998	129834	136184	85195.5	0.2
1999	131935	140569	90564.4	3.2
2000	138570	146964	100280.1	4.5
2001	147425	155547	110863.1	5.8
2002	156277	169577	121717.4	9.0
2003	178299	197083	137422.0	16.2
2004	206108	230281	161840.2	16.8
2005	229037	261369	187318.9	13.5
2006	244763	286467	219438.5	9.6
2007	264173	311442	270092.3	8.7
2008	277419	320611	319244.6	2.9
2009	286092	336126	348517.7	4.8

续表

年份	能源生产总量 （万 tce）	能源消耗总量 （万 tce）	国内生产总值 （亿元）	能源消费比上年 增长（%）
2010	312125	360648	412119.3	7.3
2011	340178	387043	487940.2	7.3
2012	351041	402138	538580.0	3.9
2013	358784	416913	592963.2	3.7
2014	262212	428334	643563.1	2.7
2015	362193	434113	688858.2	1.3
2016	345954	441492	746395.1	1.7
2017	358867	455827	832035.9	3.2
2018	378859	471925	919281.1	3.5
2019	397000	487000	990865.1	3.3

注：国内生产总值来自《中国统计年鉴》，能源生产与消耗总量来自《中国能源统计年鉴》，能源消费增速由作者计算得出。

1996 ～ 2019 年，煤炭和石油仍然是我国主要消费能源。总的来看，我国能源消费结构在不断优化，但仍以煤炭为主，天然气以及核能、水电、风电及太阳能等清洁能源占比偏低。《2019 ～ 2024 年中国可再生能源产业市场前瞻与投资战略规划分析报告》数据表明：2017 年石油、天然气、煤炭消费占比分别为 34%、23%、28%，清洁能源发展迅速，从 1977 年的 7% 提高到 15%，这说明促进技术进步有效开发清洁能源，优化能源消费结构已是大势所趋。我国能源消费结构由以煤炭为主的单一结构正在向多元化能源消费结构转化，也体现了我国经济发展方式从粗放型向集约型方向的转变（图 1.5.2-1）。

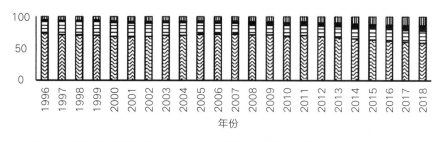

图例：
- ▥ 一次电力及其他能源（核电、水电、风电及太阳能发电所发出的电力）
- ■ 天然气
- ▤ 石油
- ▨ 煤炭

图 1.5.2-1　1996 ～ 2018 年中国能源消费结构图

"十三五"规划期间，建筑全寿命期能耗占全国总能耗比重扩大了2.3倍，年均增长6.6%，建筑全寿命期能耗变化呈现显著阶段性特征。

2019年，我国建筑全寿命期能耗总量为22.3亿tce，占全国能源消费总量的45.8%，其中建材生产阶段能耗11.1亿tce，占全国能源消费总量的比重为22.8%；建筑施工阶段能耗0.9亿tce，占全国能源消费总量的比重为1.8%；建筑运行阶段能耗10.3亿tce，占全国能源消费总量的比重为21.2%。全国建筑全过程碳排放总量为50亿tCO$_2$，占全国碳排放比重为50.6%，其中建材生产阶段碳排放27.7亿tCO$_2$，占全国碳排放的比重为28%；建筑施工阶段碳排放1亿tCO$_2$，占全国碳排放的比重为1.0%；建筑运行阶段碳排放21.3亿tCO$_2$，占全国碳排放的比重为21.6%。如图1.5.2-2所示。

研究发现，总体上全国建筑全过程能耗与碳排放变化呈现一致的阶段性特点：2005～2019年间，全国建筑全过程能耗由2005年的9.34亿tce，上升到2019年的22.33亿tce，增长了2.4倍，年均增长率为6.3%；全国建筑全过程碳排放由2005年的22.34亿tCO$_2$，上升到2019年的49.97亿tCO$_2$，增长了2.4倍，年均增长率为6.3%。

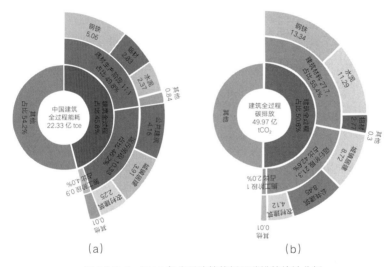

图1.5.2-2 2019年全国建筑能耗及碳排放统计分析
（a）2019年全国建筑全过程能耗及构成图； （b）2019年全国建筑全过程碳排放及构成图

为逐步降低建筑能耗，我国建筑节能从1986年开始，正式明确了建筑节能"分步走"的发展战略，以逐渐提高建筑节能水平为目标。建筑节能"第一步"是以1980年代初的建筑能耗为基准，将建筑能耗降低30%，即"30%节能率"。

建筑节能"第二步"是在20世纪90年代后期，以"第一步"为基础，将建筑能耗再降低约30%，能耗大概相当于20世纪80年代初的50%，这就是"50%节能率"。

建筑节能"第三步"是在21世纪的头十年，以节能"第二步"为基础，再降低能耗约 30%，这就是"65% 节能率"。

建筑节能"第四步"是在 21 世纪，以"65% 节能率"为基础，进一步降低能耗约 30%，即"75% 节能率"。由此可见，节能降碳和新能源利用是实现建筑领域"双碳"目标的最主要路径。

2. 政策指导

为了缓解能源供应与经济发展不协调的矛盾，20 世纪 80 年代，我国已开始推行建筑节能标准。建筑能耗与环境保护之间的矛盾凸显，迫使我国为进一步降低建筑能耗，实施了一系列与建筑节能和新能源利用政策，具体如下：

2005 年《中华人民共和国可再生能源法》的发布实施，提出将太阳能、地热能等可再生能源应用到建筑中，进一步拓展可再生能源在建筑节能中的应用。同年，国务院办公厅提出《关于进一步推进墙体材料革新和推广节能建筑的通知》，提出积极推动绿色建筑、低能耗或超低能耗建筑的研究。

2007 年，建设部贯彻落实《国务院关于印发节能减排综合性工作方案的通知》要求，提出开展了 100 项绿色建筑示范工程与低能耗建筑示范工程的评选。

2008 年，国务院颁布了《民用建筑节能条例》和《公共机构节能条例》，提出加强民用建筑节能管理，鼓励和扶持在新建建筑和既有建筑节能改造中采用太阳能、地热能等可再生能源。

2011 年，财政部、住房城乡建设部印发了《关于进一步推进公共建筑节能工作的通知》，确定各类型公共建筑的能耗基线，并逐步推进高能耗公共建筑的节能改造，争取在"十二五"期间，实现公共建筑单位面积能耗下降 10%，其中大型公共建筑能耗降低 15%。

2012 年，财政部、住房城乡建设部印发了《关于加快推动我国绿色建筑发展的实施意见》，提出到 2020 年，绿色建筑占新建建筑比重超过 30%，建筑建造和使用过程的能源资源消耗水平接近或达到现阶段发达国家水平。

2013 年，住房城乡建设部印发了《"十二五"绿色建筑和绿色生态城区发展规划》，提出启动一批绿色建筑示范工程。力争"十二五"期间，完成北方供暖地区既有居住建筑供热计量和节能改造 4 亿 m^2 以上，夏热冬冷和夏热冬暖地区既有居住建筑节能改造 5000 万 m^2，公共建筑节能改造 6000 万 m^2，结合农村危房改造实施农村节能示范住宅 40 万套。

2016 年，国务院颁布了《"十三五"节能减排综合工作方案》，提出实施建筑节能先进标准领跑行动，开展超低能耗及近零能耗建筑建设试点。2020 年前，基本完成北方供暖地区有改造价值城镇居住建筑的节能改造，完成公共建筑节能改造面积1亿 m² 以上。

2017 年，住房城乡建设部印发了《建筑节能与绿色建筑发展"十三五"规划》，提出加快提升建筑节能标准，逐步扩大可再生能源建筑应用规模，提出积极开展超低能耗建筑、近零能耗建筑建设示范。至 2020 年，城镇新建建筑能效水平比 2015 年提升 20%，绿色建筑面积比重超过 50%，绿色建材应用比重超过 40%。城镇可再生能源替代民用建筑常规能源消耗比重超过 6%。经济发达地区及重点发展区域农村建筑节能取得突破，采用节能措施比例超过 10%。

2018 年 1 月，住房城乡建设部办公厅重点检查了《节约能源法》《民用建筑节能条例》贯彻实施情况及印发了《国务院关于印发"十三五"节能减排综合工作方案的通知》，明确了新建建筑执行节能强制性标准、超低能耗建筑建设、既有居住建筑节能改造、公共建筑节能监管体系建设、可再生能源建筑应用等建设内容。

2020 年 7 月，按照《住房和城乡建设部等部门关于印发绿色社区创建行动方案的通知》，提出结合北方地区清洁供暖、城镇老旧小区改造等工作，推动既有居住建筑节能改造。2021 年 3 月，住房城乡建设部办公厅印发了《绿色建造技术导则（试行）》，提出应根据建筑规模、用途、能源条件以及国家和地区节能环保政策，合理利用浅层地能、太阳能、风能等可再生能源以及余热资源。

通过相关政策发现，目前我国颁布了一系列与绿色建造相应的一系列相关标准、政策，为全面推进绿色建造打下了良好的基础。

3. 相关技术

（1）被动式建筑节能技术

被动式建筑节能技术是指以非机械电气设备干预手段实现建筑能耗降低的节能技术，具体指在建筑规划设计中通过对建筑朝向的合理布置、遮阳的设置、建筑围护结构的保温隔热技术、有利于自然通风的建筑开口设计等实现建筑需要的供暖、空调、通风等能耗的降低。主要分为以下几个方面：

1）高效的保温隔热系统

高效的保温隔热系统技术主要应用于建筑的外围护结构，通过对外围护结构节能材料的选择，提高其保温和隔热的功能。其作用不仅降低室内热能向室外的散失降低供暖能耗，同时也隔绝了室外热量向室内的传递减少制冷能耗的使用。

2）高效的门窗系统

虽然门窗面积只占整个外围护结构的 20% 左右，但通过门窗散失的能耗量却可以占到整个外围护结构散失量的 50%，因此门窗的保温性和气密性直接影响着被动式节能建筑是否达标。

3）具有高效热回收功能的新风系统

具有热回收功能的新风系统通过热回收装置通过新风和排风进行热交换，回收排风中的能量，降低被动式节能建筑的供暖、制冷需求。

4）遮阳系统

窗户作为建筑主要的透明围护结构，是建筑内外能量交换的主要途径。通过合理的遮阳系统可以有效降低建筑物夏季能耗，这也是最具性价比的方法（图 1.5.2-3）。

图 1.5.2-3 建筑遮阳范例

5）被动式太阳能供暖

被动式太阳能供暖设计，是通过建筑朝向和周围环境的合理分布、内部空间和外部建筑形体的巧妙处理，以及建筑节点构造的恰当选择，使其在冬季能集取、保持、储存、分布太阳能，从而解决建筑物的供暖问题。表 1.5.2-2 显示了国内不同气候分区的太阳能贡献率。

被动式太阳能供暖贡献分区表　　　　　　　　表 1.5.2-2

被动式太阳能供暖气候分区		典型城市	太阳能贡献率	
			室内设计温度 13℃	室内设计温度 16～18℃
最佳气候区	A 区（SH I a）	西藏拉萨及山南地区	≥65%	45%～50%
	B 区（SH I b）	昆明	≥90%	60%～80%
适宜气候区	A 区（SH II a）	兰州、北京、呼兰浩特、乌鲁木齐	≥35%	20%～30%
	B 区（SH II b）	石家庄、济南	≥40%	25%～35%
可利用气候区（SH III）		长春、沈阳、哈尔滨	≥30%	20%～25%
一般气候区（SH IV）		西安、郑州、杭州、上海、南京、福州、武汉、合肥	≥25%	15%～20%
不利气候区（SH V）		贵阳、重庆、成都、长沙	≥20%	10%～15%

太阳房是被动式太阳能供暖的一种应用，通过建筑设计把高效隔热材料、透光材料、储能材料等有机地集成在一起，吸收太阳能达到供暖目的。

（2）主动式节能技术

主动式节能是指利用各种机电设备组成主动系统（自身需要耗能）来收集、转化和储存能量，讲究舒适、健康、高效，同时也满足了绿色建筑以人为本的原则。主动式节能主要分为以下几个方面。

1）高效的冷热源设备

热泵是一种充分利用低品位热能的高效节能装置。采用变频技术的模块化空气源热泵，具有节能40%、强热100%、控霜50%、静音-10dB、占地面积缩小50%的特点，在国内应用越来越广泛（图1.5.2-4）。

图1.5.2-4　超低温变频式空气源热泵

图1.5.2-5　利用自然光辅助照明系统的屋顶设计

2）高效建筑照明系统

实现建筑高效照明的目的是建筑可以消耗较少的电能获得足够的照明，采用照明节电器等节电设备，利用AC-AC直接变换技术调整电压，使输给照明负载的电压为灯具设计电压的最佳值（图1.5.2-5）。

3）高效建筑新风系统

采用全热回收的新风系统可以可有效保存室内排出的冷量或热量，使得送进室内的风不会过冷或过热。

同时，利用新风系统向建筑内补充新鲜空气，不需要频繁地进行开窗，建筑由于冬季供暖和夏季使用空调而造成的通风能量损失可以得到有效避免。

4）智能管控技术

室内环境调节主要是利用大数据和人工智能技术，通过环境智联网络将控制算法和物联网环境设备深度结合，联动已有的空调设备、照明灯具等与建筑环境相关的末端环境机电设备设施。

（3）可再生能源利用技术

目前我国建筑单位面积的供暖消耗超出世界平均水平的两倍，建筑的隔热保温性能低于世界水平，要改善现有的状况需要具有全局的观念，提高热力使用效能比，尽可能地使用再生能源等环境友好型能源。

1）太阳能

太阳能是一种天然可再生能源，而且其覆盖范围广、无污染，因此开发利用好太阳能可以实现能源节约与环境保护的双重目的（图 1.5.2-6）。

图 1.5.2-6　太阳能在建筑中的应用

2）风能

风能也是当前使用较为广泛的新能源之一，风能的收集主要是通过风能推动风车运动，然后风车运动推动发电机运转，将风能转化为了电能，达到能源节约的目的（图 1.5.2-7）。

图 1.5.2-7　风能在实际中的应用

3）生物质能

生物质能使用最多的就是沼气，沼气能提高能源利用率，同时比较实惠，产生的能量足以满足人们的日常生活使用。

（4）冷热电三联供

冷热电三联供（简称CCHP）系统以"电能自发自用，余热最大化利用"为基本原则，可以有效集成冷、热及发电为一体，高效利用燃料的高品位热能及太阳能、风能等可再生能源协调发电，阶梯利用低品位余热制冷和制热，并就地产能和供能，可以有效提高系统的综合能源转换效率。

（5）建筑能源系统调度技术

能源调度系统通过物理系统仿真模型，结合自学习、机器学习、深度学习分析的历史数据，建立了不同时期的综合仿真模型，可用以预测建筑在不同时段的能源需求，合理地调配建筑区域内的可再生能源系统和用能系统，最大限度地实现建筑本身的绿色低碳运行和能源节约（图1.5.2-8）。

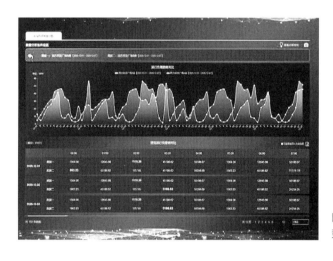

图 1.5.2-8 能源调度平台的负荷趋势分析

（6）光储直柔技术

"光储直柔"技术包括光伏发电、直流配电、双向充电、柔性控制四个阶段的一种新型能源技术。其中，光：充分利用建筑表面，发展光伏；储：蓄电池，连接邻近停车场充电桩；直：内部直流配电，通过直流电压的变化传递对负载用地的需求；柔：作为弹性负载，实现柔性用电。

因此，与常规的光伏转交流用电建筑相比，采用光伏直流建筑可以有效提高电能利用率、设备投资少，投资回收期短（省去逆变器、变压器等关键耗能设备），有效地降低了初期设备的投资成本，初步预计或可为建筑运行减碳约25%。

4. 实践案例

2020 年 2 月 28 日 ~ 2021 年 3 月 1 日的一年时间内，中国建材集团所属凯盛科技建设的单体规模 10MW 薄膜光伏建筑一体化（BIPV）应用示范项目（图 1.5.2-9），累计发电超过 1100 万 kWh，收益约 900 万元。按照运营时间 25 年计算，项目累计收益约 2.2 亿元，节约燃煤约 11.7 万 t，减少 CO_2 排放约 26.5 万 t，为推进资源全面节约和循环利用，实现"2030 碳达峰、2060 碳中和"交出了一份亮眼的成绩单。

8.5 代 TFT-LCD 超薄浮法玻璃基板生产线薄膜光伏建筑一体化应用示范项目，用"自发自用，余电上网"的模式，大幅降低了工业能耗指标，使夏季厂房内工作环境温度下降 4 ~ 6℃，同时还降低了建筑屋顶的维修费用和用电成本、延长了防水层寿命，为实现建筑从"高能耗向低能耗、正能耗"转变，打造绿色智慧能源试点城市做出了示范。

图 1.5.2-9　光伏建筑一体化（BIPV）应用项目

1.5.3 节材与绿色建材

1. 概述

绿色建材指在全寿命期内可减少对资源的消耗和对生态环境的影响，具有节能、减排、安全、健康、便利、可循环等特征的建材产品。

目前，我国正处于新型工业化、信息化、城镇化和农业现代化建设的关键时期，随着我国"西部大开发"战略、"中部崛起"战略、"一带一路"倡议、"长江经济带"和"京津冀协同发展"等区域经济战略的深入实施，基础设施的和房地产等开发领域对建筑材料的需求也进一步扩大。

数据表明：1980年，全国建筑业总产值仅为286.9亿元，2020年达到263947亿元，是1980年的920倍，年均增长23%。大规模的建设活动，持续消耗大量水泥、钢材、木材、水、玻璃等资源，给社会造成巨大的资源压力（表1.5.3-1）。目前，我国建筑业消耗了40%的能源和资源，造成的建筑垃圾占全社会垃圾总量的40%左右。结合"碳达峰、碳中和"的时代大背景，大力推广节材与绿色建材的方针政策刻不容缓。

<table>
<tr><td colspan="4">2020年主要建材产品需求表　　　　　　　　　　表1.5.3-1</td></tr>
<tr><td>产　品</td><td>2015年</td><td>2020年</td><td>年均增长（%）</td></tr>
<tr><td>水泥熟料（亿t）</td><td>13.3</td><td>12</td><td>-2</td></tr>
<tr><td>平板玻璃（亿重量箱）</td><td>7.4</td><td>7.8</td><td>1</td></tr>
<tr><td>陶瓷砖（亿m²）</td><td>101.8</td><td>95</td><td>-1</td></tr>
<tr><td>玻璃纤维及其增强复合材料营收（亿元）</td><td>2600</td><td>4200</td><td>10</td></tr>
<tr><td rowspan="4">先进无机非金属材料及前沿材料</td><td>工业陶瓷营收（亿元）</td><td>1400</td><td>2260</td><td>10</td></tr>
<tr><td>人工晶体营收（亿元）</td><td>100</td><td>200</td><td>15</td></tr>
<tr><td>石墨烯及其改性材料营收（亿元）</td><td>约1</td><td>100</td><td>≥150</td></tr>
</table>

现阶段，我国工业节能减排面临严重挑战，靠投资拉动的建材增长将更加有限，资源能源环境约束将持续强化，倒逼行业加快转变发展方式，建材行业的绿色发展之路势在必行。发展绿色建材不仅助力节能降耗、清洁生产，更是引导建材工业转型升级、提升建筑工程品质、推动绿色建筑发展的有效途径。

2. 政策指导

我国早在20世纪90年代就开始全面对绿色建材进行研究：

（1）2014年5月~2015年10月期间，住房城乡建设部、工业和信息化部先后印发了《绿色建材评价标识管理办法》《促进绿色建材生产和应用行动方案》《绿色建材评价标识管理办法实施细则》，并针对导则涉及的预拌混凝土、预拌砂浆、砌体材料、保温材料、陶瓷砖、卫生陶瓷、建筑节能玻璃7类产品开展了试评价工作。

（2）2016年3月，"全国绿色建材评价标识管理信息平台"正式上线运行，绿色建材标识评价工作正式启动，并于2016年5月发布了第一批绿色建材评价标识，共 32 家企业，45 种产品。全国各省市也陆续按照两部委的统一部署开展绿色建材评价工作。各省市绿色建材政策，如表 1.5.3-2 所示。

各省市绿色建材政策 表 1.5.3-2

省市	内容	备注
北京	北京市地方标准《绿色建筑评价标准》DB11/T 825—2021，规定使用获得绿色建材评价标识的产品作为创新项予以加分	《绿色建筑评价标准》DB11/T 825—2021
湖南	提出 2017 年省内绿色建材评价标识工作重点任务制定推广应用激励政策，争取资金对获证企业等予以重点支持	《湖南省住房和城乡建设厅、湖南省经济和信息化委员会〈关于申报湖南省绿色建材评价标识创建计划〉的通知》（湘建科函〔2017〕102 号）
安徽	提出对获得国家级绿色工厂、绿色产品的分别给予一次性奖励 100 万元、50 万元	《安徽省经济和信息化厅 安徽省财政厅关于印发〈2020 年支持制造强省建设若干政策实施细则〉的通知》（皖经信财务函〔2020〕603 号）
云南	积极组织本地有条件的建材企业申报蓝白色建材评价标识，鼓励各类建筑使用绿色建材、政府投资公益性建筑、大型公共建筑、绿色建筑等要优先选用绿色建材	《云南省住房和城乡建设厅关于加强建设领域能耗"双控"工作的通知》（云建法函〔2017〕477 号）
常州	总体目标：到 2020 年，绿色建材应用比例达到 40%，2025 年绿色建材应用比例达到 60% 以上	《关于进一步提升常州市绿色施工管理水平的指导意见》（常建〔2018〕128 号）
湖北	2019 年城乡建设与发展以奖代补资金申报范围，其中一项包括绿色建筑省级三类示范项目和绿色建材推广应用项目	《湖北省住房和城乡建设厅关于印发〈2019 年城乡建设与发展以奖代补资金项目申报指南〉的通知》（鄂建办〔2019〕4 号）
四川	新建、改建、扩建的建设项目应优先使用获得绿色评价标识的建材。绿色建筑、绿色生态城区、保障性住房等政府投资或使用财政资金的建设项目、2 万 m² 以上的公共建筑项目、15 万 m² 以上的居住建筑项目，应当使用获得标识的绿色建材	《四川省绿色建材评价标识管理实施细则》
重庆	鼓励企业研发、生产、推广应用绿色建材，鼓励新建、改建、扩建的建设项目优先使用获得评价标识的绿色建材编制完成了八类建筑材料的评价技术导则、技术细则	《重庆市绿色建材评价标识管理办法》《重庆市绿色建材评价技术细则（试行）》

省市	内容	备注
山东	鼓励新建、改建、扩建项目使用获得认证标识的绿色建筑材料。政府投资或者以政府投资为主的建筑工程，应当优先使用获得认证标识的绿色建筑材料	《山东省绿色建材评价标识管理实施细则》
广东	鼓励新建、改建、扩建的建设项目优先使用获得评价标识的绿色建材。绿色建筑、绿色生态城区、政府投资和使用财政资金的建设项目，应使用获得评价标识的绿色建材	《广东省绿色建材评价标识实施细则》

（3）2021年颁布的"十四五"规划提出全面提升城市品质，推广绿色建材，加快发展方式绿色转型，建立统一的绿色产品标准、认证、标识体系。

2020年8月，《市场监管总局办公厅、住房和城乡建设部办公厅、工业和信息化部办公厅〈关于加快推进绿色建材产品认证及生产应用〉的通知》发文，正式确立由三部门在全国范围内联合开展加快推进绿色建材产品认证及生产应用工作。文件同时发布了第一批绿色建材产品分级认证名录51项，主要包括6大类：围护结构及混凝土类（8种）、门窗幕墙及装饰装修类（16种）、防水密封及建筑涂料类（7种）、给水排水及水处理设备类（9种）、暖通空调及太阳能利用与照明类（8种）和其他设备类（3种）。

3. 相关技术

（1）合理利用和优化资源配置

1）隔墙系统

采用轻钢龙骨石膏板隔墙或轻质砌块砖隔墙，能够提高得房率7%，提高空间合理使用性，生产效率高，生产同等单位的纸面石膏板的能耗比水泥节省78%。

2）木作、门窗系统

大规模标准化生产成体系化的各种成品尺寸，便于设计配套，现场直接安装，减少现场机械切割及拼装，缩短工期，节省材料。

3）地面铺装系统

自流平方式在先进行自流平找平后，地砖使用树脂托盘进行拼装作业，地板防潮垫铺装后进行地板铺贴。构件类找平地砖使用地脚＋龙骨＋复合地砖进行拼装作业，地板使用地脚＋龙骨＋欧松板＋地板进行铺装作业（图1.5.3-1）。

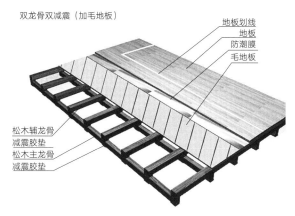

双龙骨双减震（加毛地板）

地板划线
地板
防潮膜
毛地板

松木辅龙骨
减震胶垫
松木主龙骨
减震胶垫

图 1.5.3-1　装配式地面铺装示意图

4）墙面铺砖系统

通过墙面找平件+龙骨的方式找平，底座与墙面固定，卡件与龙骨固定，两个部分通过旋转的方式对墙面进行找平。然后通过墙板顶部固定件、背板挂件、底部固定件等的无缝隙固定达成墙板的安装稳定性。

5）整体厨房系统

柜体标准化结合单元模数化，并通过人机工程学理论的应用，实现橱柜电器的一体化设计及安装快捷施工的同时保证了节材环保。

6）整体卫浴系统

模块化卫生间将卫浴空间分解成单元模块，通过工厂预制和现场安装，满足客户不同功能和视觉要求。

7）定型化围挡

在施工现场搭设的所有临时设施均采用工具式临建，利于材料周转，比如工具式防护栏、工具式防护棚等（图 1.5.3-2）。

图 1.5.3-2　工具式临建

8）永临结合

将永久工程提前策划投入使用，以满足工程的施工，从而达到降本增效与节约资源的目的（表1.5.3-3）。

永临结合技术简介 表1.5.3-3

永临结合技术名称	技术简单描述	施工图片
正式消防作为临时消防使用技术	主体结构阶段提前完成正式消防管道安装，以满足主体及装饰装修阶段的临时消防、临时用水	
临时照明免布管免裸线技术	利用主体施工阶段电气预埋管敷设临时照明线路	
正式排风系统作为临时排风技术	是对施工现场的排风进行改进的技术，主要用于装饰装修阶段地下室的排风	
排水沟盖板作为临时盖板使用技术	将正式排水沟盖板提前策划作为临时排水沟盖板使用	

永临结合技术名称	技术简单描述	施工图片
楼梯间正式栏杆提前安装代替临时防护技术	将楼梯间栏杆提前策划安装，可起到临时防护作用	
小市政提前施工作为临时排水系统技术	将小市政管道提前施工，对施工过程中的污水、废水利用正式市政管道排出	
市政道路作为临时道路技术	提前策划正式道路的施工作为临时道路使用	

（2）新型材料的使用

随着我国经济的发展，建筑业的创新能力在逐步提高，传统材料取而代之为质量轻、性能好、绿色健康节能环保的新型材料。现今的新型建筑材料主要有墙体材料、防水材料、保温隔热材料、装修装饰材料（表1.5.3-4）。

新型材料概况	新型材料简单描述	新型材料种类	图片
新型墙体材料	新型墙体材料真正达到了环保回收、节能减耗的目的，主要以煤灰粉、煤渣、竹炭和石粉等为原材料	利用废料制作的黏土砖、轻质板材、非黏土砖和加气混凝土等	
新型防水材料	新型防水材料优越的力学性能、延展性使其更加适应巨大温差、地震和火灾等外界因素，抗老化能力更强使得建筑寿命更加长久	新型钢结构金属屋面防腐防水材料、高强柔韧耐腐蚀防水涂料、渗透性封固底涂等	
新型保温隔热材料	新型保温隔热材料轻便、多孔，按化学成分可分为有机和无机两种，两者相比较，有机材料的保温隔热性能更佳，而无机材料的持久性更好	金属气凝胶复合材料、双稳态智能调光玻璃、气凝胶毡材料等	
新型装修装饰材料	新型装修装饰材料在生产的过程中，不仅自动化程度高、格局可更改，而且安全稳定。自组装程度更高、原料来源广、工艺简单、耗能低，且这类材料的表面光洁、致密度高、无毒	GRC（耐碱玻璃纤维作为增强材料）、轻质干挂式外墙、液体壁纸、无水型粉刷石膏、软石地板等	

4. 实践案例

（1）上海生态建筑示范楼

上海生态建筑示范楼总建筑面积 1994m²，主体采用钢混结构。墙体采用再生骨料混凝土空心砌块；基础应用了 C20 垫层再生混凝土和 C30 再生混凝土；上部结构混凝土采用了 C40 大掺量掺合料混凝土，可降低水泥用量 60% ~ 70%。砌筑、抹灰和地面砂浆采用了再生骨料、粉煤灰等制成的商品砂浆，可减少天然砂及水泥用量（图 1.5.3-3）。

图 1.5.3-3　废旧混凝土的回收再利用以及生成的混凝土再生骨料

装修材料全部选用绿色环保低毒产品：将旧木材回收用于建筑装饰，选用速生木材加工制成的科技木，大大提高了木材利用率和装饰功能（图 1.5.3-4）。

图 1.5.3-4　旧木材制成的通风百叶和木扶手

上海生态建筑示范楼项目（图 1.5.3-5）将固体废弃物视为自然资源的替代品，研制、设计、使用了大量的绿色工程建材及环保健康的装饰装修材料，满足生态建筑的要求和理念，实现了可持续发展的要求。

图 1.5.3-5 上海生态建筑示范楼实景图

（2）"沪上·生态家"

"沪上·生态家"以生态建造、乐活人生为主题，合理采用了节能减排、资源回用、智能高效等技术集成体系。在方案设计时即提出了绿色建材的技术目标，倡导节材理念，在实际选材和建造时贯彻实施，实现变"废"为宝。

1）建筑主体结构的混凝土全部采用再生骨料混凝土，即利用粉煤灰、矿渣粉等工业废料代替部分水泥，利用旧混凝土粉碎后筛选的 5 ~ 31mm 粒径的混凝土块取代大部分碎石作为再生混凝土的骨料（图 1.5.3-6）。

图 1.5.3-6 再生骨料生产线和再生骨料混凝土拆模后效果

2）外墙使用了河道淤泥烧结而成的多孔砖（图 1.5.3-7），具有防火性好、使用期限长、墙体防裂、防水性能好等优势。

3）内隔墙全部采用再生建材，包括利用脱硫石膏板轻钢龙骨隔墙、蒸压灰砂砖、利用粉煤灰生产的粉煤灰加气砌块、混凝土空心砌块等（图 1.5.3-8）。

"沪上·生态家"（图 1.5.3-9）固废再生墙材利用率 100%，可再利用材料使用率达到 32.3%、可再循环材料利用率达到 13.1%，均超过绿色建筑评价标准中相关指标要求。

图 1.5.3-7 各种孔样式淤泥烧结多孔砖　　　　图 1.5.3-8 固废再生墙体材料

图 1.5.3-9 "沪上·生态家"实景图

1.5.4 节水与海绵城市

1. 概述

我国为缺水严重国家，淡水资源总量为 28000 亿 m^3，占全球水资源的 6%，居世界第六，但人均仅 2200m^3，是全球水资源最贫乏的国家之一。

2020 年全国用水总量为 5812.9 亿 m^3，其中，生活用水 863.1 亿 m^3，占用水总量的 14.8%；工业用水 1030.4 亿 m^3，占用水总量的 17.7%；农业用水 3612.4 亿 m^3，占用水总量的 62.1%，其他 307 亿 m^3。我国灌区平均水利用系数仅为 0.45，与发达国家 0.7 ～ 0.8 的系数差距很大。在建筑行业，据估算我国每年仅施工混凝土搅拌和养护用水达 10 亿 m^3，自来水使用率接近 90%，同时基础降水损耗了大量的地下水资源，未对这些水源进行充分利用。

为逐步提高各领域、各行业用水效率，提升全民节水意识，在《国家节水行动方案》中明确提出了近远期有机衔接的总体控制目标：

1）到 2020 年，节水政策法规、市场机制、标准体系趋于完善，万元国内生产总值用水量、万元工业增加值用水量较 2015 年分别降低 23% 和 20%，节水效果初步显现；

2）到 2022 年，用水总量控制在"十三五"末的 6700 亿 m³ 以内，节水型生产和生活方式初步建立；

3）到 2035 年，全国用水总量严格控制在 7000 亿 m³ 以内，水资源节约和循环利用达到世界先进水平，形成水资源利用与发展规模、产业结构和空间布局等协调发展的现代化新格局。

2. 政策指导

为深入贯彻 "节水优先"的治水思路，积极落实《国家节水行动方案》，加快推进节水标准体系建设，相关政策发展迅速，日趋完善。至 2020 年 5 月底，我国现行有效的节水国家标准 177 项，初步形成了结构较为合理、适用性强、基本满足经济社会发展需求的节水标准体系。力争到 2022 年，节水标准达到 200 项以上，为建设生态文明和美丽中国提供有力支撑。

根据规划，到 2035 年，将形成健全的节水政策法规体系和标准体系、完善的市场调节机制、先进的技术支撑体系，全国用水总量控制在 7000 亿 m³ 以内，水资源节约和循环利用达到世界先进水平（表 1.5.4-1）。

节水规划发展

表 1.5.4-1

名称	发布机关	主要内容
《节水型社会建设"十一五"规划》	国家发展改革委、水利部、建设部，2007 年	建立健全用水总量控制和定额管理制度；建立健全节水减排机制；完善水价形成机制
《国务院关于实行最严格水资源管理制度的意见》	国务院，2012 年	严格实行用水总量控制；全面推进节水型社会建设；严格控制入河湖排污总量
《全民节水行动计划》	国家发展改革委等九部委，2016 年	工业节水增效行动；城镇节水降损行动；节水产品推广普及行动；公共机构节水行动；节水监管提升行动；全民节水宣传行动
《节水型社会建设"十三五"规划》	国家发展改革委、水利部、住房城乡建设部，2017 年	规定了重点领域节水相关政策
《国家节水行动方案》	国家发展改革委、水利部，2019 年	工业节水减排；城镇节水降损；重点地区节水开源
《中华人民共和国国民经济和社会发展第十四个五年规划和 2035 年远景目标纲要》	国家规划，2021 年	实施国家节水行动，强化农业节水增效、工业节水减排和城镇节水降损，鼓励再生水利用，单位 GDP 用水量下降 16% 左右，完善节水器具推广机制

3. 相关技术

在工程建设领域，节水通常以"四节一环保"之一的形式提出。经过长期发展，逐步在节水型器具研发与应用、城镇再生水利用技术、市政供水管网的检漏和防渗技术、建筑节水技术等方面有了较大的发展和突破（表1.5.4-2）。

主要节水技术措施 表1.5.4-2

分类	主要技术及措施
系统节水	节水与水资源利用策划 分区及节能供水 减压限流技术 水平衡计量技术 热水恒温控制技术
节水器具及设备	卫生节水器具 节水灌溉技术 冷凝塔慢蒸发技术
非传统水源利用	市政中水利用 建筑中水利用
施工节水	施工用水分区计量 节水型器具 节水施工工艺 施工中非传统水源利用
海绵城市	雨水控制利用综合设计 下凹式绿地 雨水花园 透水铺装与渗透管沟 雨水调蓄池等

（1）水系统节水技术

1）节水与水资源利用策划

绿色建筑设计前，制定水资源利用方案，统筹利用各种水资源。提高水资源循环利用率，减少市政供水量和污水排放量。

2）分区及节能供水技术

充分利用市政供水压力，合理划分给水供水分区。市政供水供给低区用水，中区及高区用水采用叠压供水技术或无负压供水技术。

3）热水恒温控制技术

通过采用同程设置、强制循环，或采用恒温控制阀件设置有温度显示功能的给水配件等措施，保证热水恒温。

（2）节水器具及设备

目前节水器具及设备主要技术包括：卫生节水器具技术、节水绿化灌溉技术。

1）卫生节水器具

节水器具主要从限制洁具出流量、缩短洁具开关时间和减少跑冒滴漏三方面节水（图1.5.4-1）。节水型便器主要有两档式节水型便器、容积水封式直排式节水便器、虹吸式节水便器等。节水型小便器主要采用自闭式冲洗阀、光电感应式冲洗阀等，淋浴器采用脚踏式或感应式冲洗阀。

2）节水绿化灌溉技术

节水绿化灌溉技术主要指喷灌、微灌。喷灌比地面漫灌节水30%～50%；微灌比地面漫灌节水50%～70%。可以结合土壤湿度传感器、雨天关闭装置等节水控制措施（图1.5.4-2）。

图1.5.4-1 节水器具

图1.5.4-2 节水喷灌终端

（3）非传统水源利用

目前主要利用的非传统水源有雨水、市政中水和建筑中水等。

1）市政中水利用

市政中水是指城市污水厂或再生水厂对城市排水进行处理之后，作为市政中水水源用于城市杂用水（图1.5.4-3）。

2）建筑中水利用

建筑内的生活排水大多采用污废合流，

图1.5.4-3 再生水处理

经过室外污水管网排至市政污水管网；或者深度处理后，通过市政中水再利用。

（4）施工节水

施工节水通过采用工业化、工厂化、集成化等方式，大幅减少现场湿作业，降低水资源消耗。同时可采用冲洗用水循环再利用、采用节水型器具等措施进一步节约用水。

1）施工节水控制指标

分别从各阶段对施工生产区用水、办公区用水、生活区用水进行量化控制。

2）施工现场用水分区计量

施工现场按生产区、办公区和生活区分别布置给水系统，分区供水计量，并定期读取数据进行分析核查。

3）提高水资源利用率

①现场给水管网的布置应该本着管路就近、供水畅通的原则布置，在管路上设置多个供水点，采取措施减少管网的用水器具的漏损。

②施工现场的临时用水应使用节水型产品，安装计量装置。

③在自动洗车槽设三级沉淀池实现洗车用水循环再利用（图1.5.4-4）。

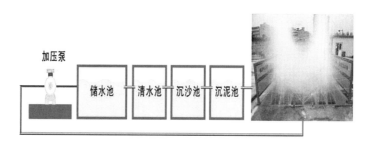

图 1.5.4-4　车辆冲洗循环用水装置示意图

4）施工中非传统水源利用

①做好施工现场非传统水源的收集与综合利用（图1.5.4-5）。

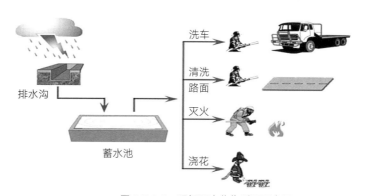

图 1.5.4-5　现场雨水收集利用示意图

②合理使用基坑降水，基坑降水通过加压泵输送至水箱，加以利用（图 1.5.4-6）。

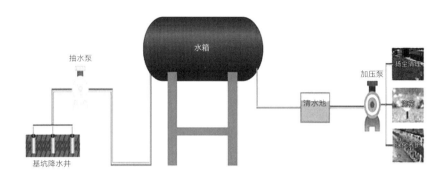

图 1.5.4-6　基坑降水收集利用系统示意图

（5）海绵城市

1）雨水控制利用综合设计

对大于 10ha 的场地，应进行雨水控制和利用的综合性设计，避免单个子系统（雨水利用、径流减排、污染控制）的诸多资源配置和统筹衔接不当问题。

2）下凹式绿地

下凹式绿地是用于调蓄和净化径流雨水的景观绿地，是在地势较低的区域通过植物截流、土壤过滤处理径流雨水，达到消纳径流、控制污染的目的（图 1.5.4-7）。

图 1.5.4-7　下凹式绿地

3）雨水花园

一般采用低于路面的小面积洼地，种植当地原生植物并培以腐土、护根覆盖物等（图 1.5.4-8）。

4）透水铺装

采用植草砖、透水沥青、透水水泥、透水混凝土、透水砖等铺装系统，既能满足强度和耐久性要求，又能使雨水通过本身与铺装下基层相同的渗水路径直接渗入下部土壤的地面铺装（图 1.5.4-9）。

图 1.5.4-8　雨水花园　　　　　　　　　　图 1.5.4-9　透水草坪砖

5）雨水调蓄池

利用模块化塑料模块、管蓄式蓄水池、砌块蓄水池等雨水存储设施，对雨水进行调蓄和回收利用的技术。

4. 实践案例

（1）建筑"节水"案例

华南理工大学广州国际校区一期工程位于番禺区南村镇广州国际创新城南岸起步区。规划范围东至南村大道，南至兴业大道，西至市新路，北至南大干线。地下均为 1 层，总建筑面积 28.36 万 m²，总造价 18.89 亿元人民币。

项目一方面采用提高项目管理人员的节水意识、加强用水管理，另一方面采取雨水回收利用系统、喷雾降尘等节水措施来实现项目的节水目标（图 1.5.4-10）。

图 1.5.4-10
华南理工大学
广州国际校区
一期工程项目
效果图

1）项目节水措施

①节水指标纳入分包合同，做好用水计量考核记录。

②施工现场办公区、生活区的用水全部采用节水器具，节水器具率达100%。

③项目现场建立雨水回收及中水收集循环系统，充分收集自然降水及循环水用于降尘处理、车辆冲洗，道路清洗（图1.5.4-11、图1.5.4-12）。

图1.5.4-11　施工现场循环用水回收装置

图1.5.4-12　利用回收的水资源进行车辆冲洗、喷淋降尘

④施工中采用先进的节水施工工艺，如：混凝土养护采取薄膜包裹覆盖、管道通水打压、各项防渗漏闭水及外墙渗漏喷淋试验等。

⑤施工现场全部采用商品混凝土和预拌砂浆。

2）项目节水效果

①办公区生活区用水量86389m³，施工区用水量60366m³，总用水量为146755m³。实际用水量/总建筑面积比值为0.517m³/m²；满足用水量1m³/m²之内的要求。

②非市政自来水利用量76538m³，占总用水量的52.2%。

（2）海绵城市案例

杭政储出〔2017〕39号住宅地块项目位于杭州经济技术开发区板块，占地面积约

3.85 ha。绿地率不小于30%（图1.5.4-13）。

通过结合景观地形充分发挥下沉式绿地、透水铺装等LID设施对雨水的"渗、滞、蓄、净、用、排"等功能，提高雨水资源利用率。

图1.5.4-13 杭政储出〔2017〕39号住宅地块项目效果图

1）典型节水设施设计

①下沉式绿地

下沉式绿地是低于周围地面的绿地，其利用开放空间承接和贮存雨水，达到减少径流外排的作用，本项目下沉式绿地有效调蓄水深150mm（图1.5.4-14）。

图1.5.4-14 下沉式绿地示意图

②透水铺装

本项目地块内部分非机动车道路采用透水铺装。透水铺装可有效降低不透水面积，增加雨水渗透，同时对径流水质具有一定的处理效果（图1.5.4-15）。

③防护虹吸排水收集系统

入渗雨水通过高分子防护排（蓄）水异型片流至虹吸吸水槽，在虹吸排水槽上安装透气管，虹吸排水槽内的水在空隙、重力和气压作用下很快汇集到出水口，出水口通过管道变径的方式使虹吸直管形成满流从而形成虹吸，虹吸排水槽内的水不断被吸入观察井。经观察井排入雨水收集系统内，待晴天需要对绿化植物进行浇灌时再对雨水进行循环利用（图 1.5.4-16）。

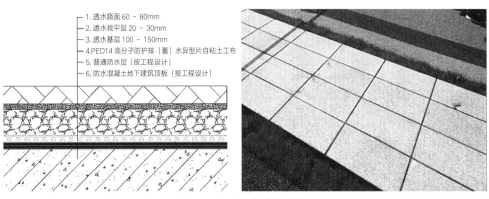

图 1.5.4-15　透水铺装示意图

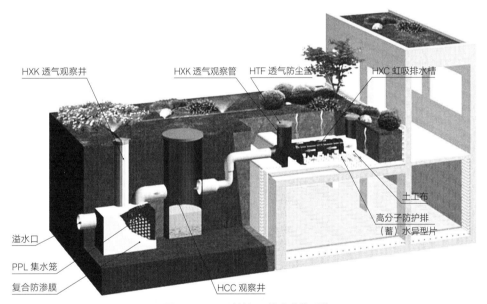

图 1.5.4-16　防护虹吸排水收集系统

2）项目建设效果

本项目共投资 400 余万元，折合单位造价约为 40 元 /m²，最终改造目标为年径流总量控制率 90.2%，年净流污染削减率达到 71.3%。

1.6 "30·60" 双碳目标

1.6.1 建材生产阶段碳排放

1. 建材生产阶段碳排放现状

从建筑全寿命期角度出发，可以将建筑产品的寿命周期分为 4 个阶段：建筑材料生产和运输阶段、建筑施工阶段、建筑运行使用阶段、建筑拆除及废弃物处理阶段，如图 1.6.1-1 所示。

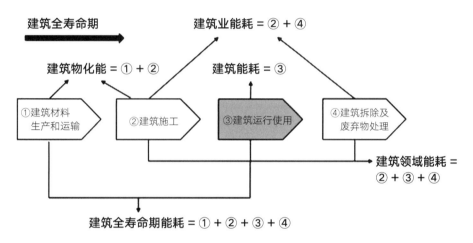

图 1.6.1-1　建筑能耗相关概念范围界定

根据《2021 中国建筑能耗及碳排放研究报告》，2019 年全国建筑全过程碳排放总量为 50 亿 tCO_2，占全国碳排放的比重为 50.6%，其中建材生产阶段碳排放 27.7 亿 tCO_2，占建筑全过程碳排放的 55.4%。在建材生产阶段，主要建材碳排放分别为：钢铁 13.34 亿 tCO_2，水泥 11.29 亿 tCO_2，铝材 2.77 亿 tCO_2，如第 1.5.2 小节图 1.5.2-2 所示。

从建筑全过程考虑，建材生产碳排放比重最大，降低此部分碳排放对于低碳建筑意义重大。虽然建材的生产不属于绿色建造的一个阶段，但绿色建造过程中的绿色设计和绿色施工往往决定了对低碳建材的采购和选用，不仅可通过低碳选材助力实现建筑全寿命期的"双碳"目标，还能倒逼建材生产行业通过低碳转型实现本行业的"双碳"目标。

水泥的 CO_2 排放居建材行业前列，水泥成为建材工业全面实现碳达峰的关键产业，

2020 年建筑材料主要行业碳排放如表 1.6.1-1 所示。

2020 年主要建材生产行业碳排放　　　　表 1.6.1-1

类别	CO_2	同比	其中：燃煤烧排放同比	工业生产过程排放同比	电力消耗折算CO_2碳排放
水泥工业	12.3 亿 tCO_2	1.80% ↑	0.2% ↑	2.7% ↑	8955 万 tCO_2
石灰石膏工业	1.20 亿 tCO_2	14.30% ↑	5.50% ↑	16.60% ↑	314 万 tCO_2
建筑卫生陶瓷工业	3758 万 tCO_2	2.70% ↓	—	—	1444 万 tCO_2
建筑技术玻璃工业	2740 万 tCO_2	3.90% ↑	—	—	893 万 tCO_2
墙体材料工业	1322 万 tCO_2	2.50% ↑	2.40% ↑	—	612 万 tCO_2

根据模型推演，2060 年我国水泥工业要实现碳中和，水泥熟料产量应控制在 7.5
亿 t 以下。但依据我国社会经济发展需求，2060 年我国水泥熟料产量还将维持在 10
亿 t 以上高位。

我国水泥行业能效已处于国际前沿，熟料系数也处在国家领先水平，根据国际能
源署 IEA 的 2050 年目标值，熟料系数降到 0.6（当前约为 0.77），2020 年我国水泥的
熟料系数约为 0.65，熟料系数已接近极限，大幅度减碳空间有限。

大力发展低碳水泥混凝土技术，从材料及应用降低碳排放十分必要，下面介绍几
种水泥基材料低碳技术以及碳排放情况。

（1）低钙水泥

在保证主要性能前提下，低钙硅酸盐熟料 3d 抗压强度 17 ~ 20MPa，28d 抗压强
度 52.5 ~ 60MPa；28d 干缩率 0.04% ~ 0.06%，与普通硅酸盐熟料相比，可节约石灰
石 5% ~ 10%，燃煤降低 10%，CO_2 排放减少 5% ~ 10%。低碳水泥主要种类及碳排
放指标如表 1.6.1-2 所示。

低碳水泥主要种类及碳排放指标　　　　表 1.6.1-2

名称	氧化钙（CaO）含量	碳排放情况
低钙硅酸盐水泥熟料	60%	降低 6%
高贝利特水泥熟料	55%	降低 10%
硫（铁）铝酸盐水泥熟料	35%	降低 30% ~ 40%
硅酸二钙	65.1%	—
铁铝酸四钙	46.1%	能耗降低 10% 以上，CO_2 减排 25% 以上
硫铝酸钙	36.8%	
硫硅酸钙	58.3%	

部分已实现工业化生产与应用，年产量达到 1000 万 t 以上。

（2）少熟料水泥

少熟料水泥是指以较少水泥熟料（≤20%）、适量石膏、适量外加剂和一定比例的混合材料而组成的水硬性胶凝材料。少熟料水泥主要种类及碳排放指标如表1.6.1-3所示。

少熟料水泥主要种类及碳排放指标 表1.6.1-3

名称	组成	碳排放情况
碱激发胶凝材料	粉煤灰或各种冶金废渣 + 碱	碳排放降低 40% ~ 80%
固废胶凝材料	钢渣 + 矿渣 + 脱硫石膏 + 石灰	碳排放降低 90%
生态水泥	等同固废胶凝材料	碳排放降低 90%
超硫水泥	矿渣 + 脱硫石膏	碳排放降低 95%

少熟料水泥存在质量稳定性差等许多问题，尚不完善，应用规模较小。

（3）碳负性水泥

主要以 C_3S_2、C_2S、CS 为主要矿相的气硬性胶凝材料，与 CO_2 反应生成 $CaCO_3$ 和高度聚合的 SiO_2 凝胶，产生较高强度。碳化养护可固化 CO_2 150 ~ 300kg/t。该技术尚处于实验室研发阶段。

（4）混凝土矿化固碳技术

理论上硅酸盐水泥可吸收自身质量 50% 的 CO_2，混凝土制品矿化养护，可增强混凝土强度，CO_2 固化量 70kg/m³；矿化固废、再生骨料等的 CO_2 固化量可达到 100kg/t；CO_2 预拌混凝土，CO_2 减排 15kg/m³。该技术正处于中试阶段。

（5）前沿低碳技术

1）氢能煅烧水泥熟料技术

氢能（部分）替代煤粉，吨熟料消耗约 21kg H_2，以 5000tpd 熟料生产线为例，每年可减少碳排放约 37 万 tCO_2；根据英国 ETP 清洁能源技术指南，将在英国泰玛仕水泥厂（Tarmac）和汉森水泥厂（Hanson）测试氢能等替代燃料的应用，计划于 2025 年完成原型开发，同时通过小试进行验证。

2）全氧耦合碳捕集利用技术

传统水泥生产工艺产生烟气中 CO_2 浓度约为 25%，全氧燃烧技术可使烟气中 CO_2 浓度提高至约 70%，2025 年建成示范生产线。

2. 低碳建材分类

目前还没有对低碳建材的明确定义，现阶段发展低碳建材主要对标的是发展绿色建材。《绿色建材评价技术导则（试行）》中对绿色建材的定义为：绿色建材是指在全寿命期内可减少对天然资源消耗和减轻对生态环境影响，具有"节能、减排、安全、便利和可循环"特征的建材产品。

绿色建筑材料是实现建筑低碳发展的基础，起到引领性和支撑性的作用。针对施工企业，兼顾建材本身碳排放，考虑运输距离，因地制宜地做好选材工作十分重要。从节能减排角度，可将低碳建材分为以下几类。

（1）节能型建筑材料

现今的新型建筑材料主要有墙体材料、保温隔热材料、装修装饰材料和防水材料，不同的材料功能也不同，具体分为以下几类。

1）新型墙体材料

新型墙体材料主要以煤灰粉、煤渣、竹炭和石粉等为原材料，与传统的水泥墙、砖墙不同，新型墙体材料的品种更加丰富，有利用废料制作的黏土砖、轻质板材、非黏土砖和加气混凝土等。新型墙体材料不仅承重性好、轻便、保温隔热、隔声效果显著，重要的是绿色环保。在实际的工程应用中，这类墙体材料施工方便快捷、占地面积小，不仅加快了工程的进度，而且同样的建筑面积有了更大的使用空间，现在已经成为建筑工程中使用最为广泛的墙体材料。

2）新型保温隔热材料

新型保温隔热材料轻便、多孔，按化学成分可分为有机和无机两种，两者相比较，有机材料的保温隔热性能更佳，而无机材料的持久性更好。目前，我国的新型保温隔热材料主要以玻璃纤维、有机泡沫和岩棉为主，其优异的保温隔热功能得到了广大民众的推崇，而且低碳环保、经济适用。气凝胶是优异的绝热材料，小于空气分子自由程（70mm）的纳米级孔洞使气凝胶导热系数低于静止的空气 [室温约 0.025W/（m·K）]，将气凝胶优越的导热系数、力学性能、防火性能、防水性能、光学性能及消声降噪能力融合到建筑保温材料上，是对传统保温材料的升级，在建筑隔热保温方面有着优良的表现。近年来，随着气凝胶制备技术发展及成本降低，开始在建筑节能减碳领域进行示范应用。

3）新型装修装饰材料

新型装修装饰材料在生产的过程中，不仅自动化程度高、格局可更改，而且安全稳定，比起以往通过模具浇筑的方式，自组装程度更高、原料来源广、工艺简单、耗能低，而且这类材料的表面光洁、致密度高、无毒。而且，有的新型装修材料在加入特质的成分后，还具有吸光、调节湿度等功能，在北方干燥的地方可增加室内的湿度，在潮湿的南方则刚好相反，因此得到人们的青睐。以 GRC（耐碱玻璃纤维作为增强材料）为例，探究新型装饰材料在建筑的应用。GRC 是以水泥砂浆作为胶结材料并加入适量骨料组成的新型无机复合材料，具有保温隔热、防水、隔声、安装清洗方便的特点。GRC 可与其他高性能节能材料复合，形成更高品质和附加值的产品。GRC 装饰一体板实现了装饰与节能一体化，缩短了施工周期，减少了现场湿作业，是实现可持续发展的必然趋势。

4）新型防水材料

新型防水材料在建筑物中是必不可少的，各项指标均满足了现代人们对建筑物或者装修材料的要求，就单层新型防水材料来说，就可取代以前的两层毡子三层油的技术，不仅极大地缩短了工程周期，而且防水性能相较以前更进一步。新型防水材料优越的力学性能、延展性使其更加适应巨大温差、地震和火灾等外界因素，使得建筑寿命更加长久。另外，新型防水材料还耐高温、低温、抗老化能力更强、黏度更高，而且施工时不用加热，从而提升了施工效率、缩短工程工期、节能减排并且兼顾防水结构层的整体性。新型防水材料满足了现代人们对建筑防水防潮的需求，提高了建筑物抗老化的能力，延长其使用年限。

（2）自重轻材料

自重轻材料优点很多，如自重轻，使得材料生产工厂化程度高，减少不规范操作引起的材料浪费；自重轻，降低了基础材料用量，降低材料运输次数，减少运输成本；方便拆卸及搬迁，利于材料回收及循环使用；建造速度快、清洁施工。从全寿命期角度来看，能够减少材料使用及能源消耗，在促进节能减排的同时，还具有很高的经济效益。例如，轻钢建筑结构材料具有如下特点：①构造简单，材料单一。容易做到设计标准化、定型化，构件加工制作工业化，现场安装预制装配化程度高。销售、设计、生产可以全部采用计算机控制，产品质量好，生产效率高。②自重轻。降低了基础材料用量，减少构件运输、安装工作量，并且有利于结构抗震。③工期短。构件标准定型装配化程度高，现场安装简单快速，一般厂房仓库签订合同后 2 ~ 3 个月内可以交付使用。因为没有湿作业，现场安装不受气候影响。④可以满足多种生产工艺与使用功能的要求。轻钢建筑结构体系在建筑造型、色彩以及结构跨度、柱距等方面的选择上灵活多样，给设计者提供了充分展示才能的条件。⑤绿色环保轻钢建筑结构属于环保性、节能性产品，厂房可以搬迁，材料可以回收。

（3）高性能材料

高性能材料的特点就是在多种材料性能方面更为优越，使用时间更长，功能更为强大，通过减少材料用量来减少碳排放，大幅度提高了材料的综合效益，比如高性能水泥、高性能混凝土、超高性能混凝土、高性能混凝土外加剂等。

以混凝土为例，混凝土减碳的潜力在于提高水泥的使用效率，从而减小水泥需求量，可行的技术路线有：①科学配制、精细化生产混凝土，有较大空间减少单位体积混凝土的水泥用量；②推广应用超高性能混凝土（UHPC），建设高质量、节材、低碳、高耐久工程结构。与传统钢筋混凝土（RC）和钢结构相比，UHPC材料不仅高效使用了水泥，同时更好更有效地发挥了钢材（钢纤维、钢筋及型钢）的强度。因此，对于同等功能的工程结构，使用R-UHPC建造，能显著地节材降耗和减碳降排。

（4）地方性材料

地方性材料的采用一般本着适合地方气候环境，因材致用，就地取材，进行运输和施工，所以地方性材料的使用，可以减少运输距离，来节约资源和能源，从而促进节能减排。

地方材料大致可分为：矿物类，如土、砂、石等；植物类，如竹、木、苇秆、高粱秆、草等；工业废料类，如矿渣、炉渣、粉煤灰、废石膏以及木屑、刨花、果壳等。这些材料多数制成块材、板材或束条，然后用于建筑中。一般使用在墙体和屋顶中较为普遍。常见的有：土建筑、毛石建筑、卵石墙建筑、统砂建筑、竹建筑、原木墙建筑、苇秆建筑、高粱秆建筑、束条拱顶建筑、石板屋顶建筑、石灰焦渣屋顶建筑、草顶建筑等。

有些地方材料经工业加工后已成为有效的建筑材料，其应用范围不止于低层建筑，如粉煤灰制品已有实心和空心砌块、泡沫轻质砌块、大型墙板等制品，可以建造多层建筑。

（5）可循环再生利用型建筑材料

建筑材料的可循环再生利用能够减少新材料的使用及生产加工新材料带来的资源、能源消耗和环境污染，对节能减排具有促进作用。

建筑材料的循环利用，主要是针对建筑垃圾的循环再生。建筑垃圾由大量的砖块、混凝土、木材和废金属材料等废弃的建筑材料所组成，所以造成了建筑材料的大量浪费。而使这些废弃物变成可循环利用的资源，可以使大量的建设资金和材料资源得到节省，并降低建筑工程施工对环境带来的危害。此外，进行一些新型可循环材料的使用，也可以使建筑具有绿色和环保的特征，进而促进建筑行业取得新的发展。

3. 低碳建材评价

（1）低碳产品认证／低碳建材认证

低碳产品认证，是以产品为链条，吸引整个社会在生产和消费环节参与到应对气候变化中。通过向产品授予低碳标志，从而向社会推动一个以顾客为导向的低碳产品采购和消费的模式。

环境保护部高度重视发展低碳经济以及开展低碳产品认证工作，环境认证中心分析国外低碳产品认证的发展趋势，结合我国的实际情况，组织制定了《环境认证中心开展低碳产品认证》的发展规划。2015 年，《节能低碳产品认证管理办法》发布，自 2015 年 11 月 1 日起施行，鼓励社会公众使用低碳产品。

（2）绿色建材产品认证

绿色建材产品认证是在原绿色建材评价标识工作基础上，由国家统一推行的绿色建材分级认证制度，是推动绿色产品认证在建材领域率先落地的重要成果。2015 年 9 月，《生态文明体制改革总体方案》发布，首次提出构建统一的绿色产品标准、认证、标识等体系。2016 年 12 月，《关于建立统一的绿色产品标准、认证和标识体系的意见》发布，绿色产品认证工作正式拉开帷幕。

目前建材行业已经发展成为门类比较齐全、产品基本配套、面向国内国际两个市场的完整工业体系，包括《国民经济行业分类》中 30 个行业小类，298 类、1013 种产品。认证范围方面，纳入首批认证范围的产品共涉及 6 大类 51 小类；分级认证制度方面，绿色建材产品由低到高区分为一星级、二星级和三星级，并采取符合性评价，即产品需符合某一星级下所有指标要求，方可通过该星级的认证。

4. 建材领域实现"双碳"目标的路径分析

中国作为全球 CO_2 排放量较大的国家之一和工业化中期阶段国家，在全球碳减排的工作推进中压力巨大，为建材行业的发展带来了巨大挑战，主要表现在：项目审批难度不断加大；节能减排成本不断提高；碳排放权购买成本加重企业负担；上游能源低碳发展对地方政府和企业提出挑战。

从建材生产供应端和消费需求端，行业低碳转型的路径如下：优化重点行业能源利用结构，实现低碳能源利用转型；减排降污与固废利用协同发力，实现清洁生产与绿色环保同步转型；加强重点建材生产行业节能降碳力度，优化提升工艺和技术路径；产业结构与消费利用结构同步调整，供需两侧同时发力；实施三大变革（品质革命、效率变革、动力变革），坚决摒除建材工业中的"两高"企业，推动建材产业向高质高效低碳转型；以绿色转型为抓手，构建建材工业的绿色低碳循环制造体系；加强行业碳约束机制构建，提升碳市场服务能力。

1.6.2 施工阶段碳排放

1. 施工阶段排放现状

国际能源署对世界范围内各个行业的碳排放量统计数据结果表明，位居碳排放量最高的三个行业分别是建筑行业、电力行业与交通运输行业。其中，建筑行业的碳排放量占全世界碳排放量总量的 30% ~ 50%。虽然建造阶段自身碳排放量占比不高，但因为绿色设计对未来低碳运营影响很大，绿色选材又可大幅降低建筑中建材的隐含碳排放。因此，建造阶段将对建筑全寿命期的碳排放起着至关重要的作用。为此，应结合项目具体情况采用合理的方法对建筑施工阶段的碳排放量进行准确测量，以更好地采取具有针对性的节能减排措施。

目前，我国对建筑业 CO_2 排放的研究处于发展阶段，国内学者的研究大概可以分为以下几个方向：一是对建筑材料生命周期能耗和排放研究，计算建材环境影响因子；二是对建筑物生命周期范围内能源消耗、排放和节能进行研究；还有就是对建筑物环境影响评价方法与理论的研究。以上都是从建筑全寿命期出发，研究侧重点是建筑材料和建筑使用阶段的排放，对施工阶段研究甚少。

中国建筑全寿命期碳排放总体上呈现增长趋势，从 2000 年约 10 亿 tCO_2，增长到 2019 年 49.97 亿 t，增长近 5 倍。但增速显著放缓，"十一五"期间年均增速较大，"十三五"后期增速明显降低，基本趋于平稳。不同阶段的建筑碳排放变化趋势特点存在一定差异。

建筑施工阶段碳排放增速在 2014 年出现拐点，2014 年后增速下降显著（图 1.6.2-1）。

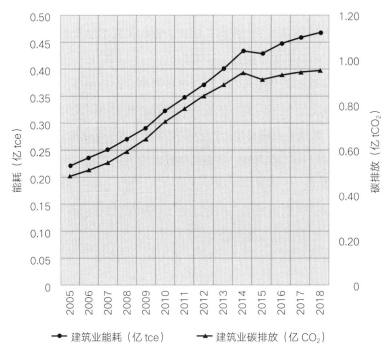

图 1.6.2-1 建筑施工阶段能耗与碳排放变化趋势

施工阶段温室气体排放是建筑全寿命期排放量的重要组成部分，具有高强度和集中排放的特点，在建设期间需要消耗大量的资源，使用大量的施工机械设备和运输设备，并在短期内排放出大量温室气体，对建筑物全寿命温室气体排放的计算已成为国内外研究的焦点。例如，通过计算杭州市某中学工程全寿命期能耗，得出建筑单位面积施工能耗为 107.2 MJ/m²，单位面积施工 CO_2 排放量为 9.0 kg/m²，建造期考虑各种因素折算为一年。而该中学使用阶段年平均单位面积能耗和 CO_2 排放量分别为 552.2 MJ/m² 和 43.8 kg/m²，可见仅一年建造时间（不包括施工期间所用建筑材料的生产和运输能耗及碳排放）的能耗和 CO_2 排放为使用阶段年均单位面积排放的五分之一。

2. 施工阶段主要减碳技术

（1）以提升建筑节能标准为基础

从 20 世纪 70 年代后期开始，经过了 30 多年的艰苦努力，我国的建筑节能经历了多个时代。从节能率 30% 到节能率大于 80%，可以看出建筑节能标准的不断提升是行业发展的必然趋势。而根据对我国居住建筑年代分布分析统计来看，我国 90% 以上的住宅建成于 1980 年后，有一半建成于 2000 年后。不同建筑的节能效果根据当时的标准必定有较大的差异，尤其节能设计标准的一个重点就是提升围护结构性能，以降低冬季供暖的热需求，尤其对于北方集中供暖地区，按照不同阶段标准设计建造的居住建筑，其供暖热需求差别能达到 3 倍以上。因此，对现有存量建筑进行建筑改造升级迫在眉睫。

（2）大力推广发展绿色建造技术

2017 年住房城乡建设部发布了《"十三五"装配式建筑行动方案》《装配式建筑示范城市管理办法》《装配式建筑产业基地管理办法》的通知，确定工作目标，到 2020 年，全国装配式建筑占新建建筑的比例达到 15% 以上，其中重点推进地区达到 20% 以上，积极推进地区达到 15% 以上，鼓励推进地区达到 10% 以上；鼓励各地制定更高的发展目标；明确重点任务，各省（区、市）和重点城市住房城乡建设主管部门要抓紧编制完成装配式建筑发展规划，明确发展目标和主要任务，细化阶段性工作安排，提出保障措施；重点做好装配式建筑产业发展规划，合理布局产业基地，实现市场供需基本平衡。推动住建领域"四化"发展：一是提升建筑能效、降低建筑运行能耗、推广绿色建筑，实现绿色化发展；二是提高装配式建筑水平、推行绿色建造，推动建筑工业化发展；三是推进 BIM 技术，推行智慧建造，实现工程建设信息化发展；四是发挥企业创新主体作用，引导企业开展绿色建筑创新示范、培育科技领军型企业，实现行业创新化发展。

（3）减少建筑建造和维修中使用建材的碳排放

目前，我国城乡建筑建成面积已超过 600 亿 m^2，尚有超过 100 亿 m^2 的建筑处于施工阶段。全部完工后，我国人均建筑面积指标将超过日本、韩国、新加坡这三个亚洲发达国家目前的水平，并接近法国、意大利等欧洲国家水平。房屋总量已不存在供给不足问题。现在每年的城镇住宅和公建竣工面积维持在 30 亿 ~ 40 亿 m^2 之间，但每年拆除的建筑面积也将近 20 亿 m^2。这表明我国房屋建造已经从增加房屋供给以满足刚需转为拆旧盖新以改善建筑性能和功能。"大拆大建"已成为建筑业的主要模式。持续的大拆大建，将持续导致对钢铁、建材的旺盛需求，钢铁和建材的生产也就将持续地旺盛下去，由此形成的碳排放就很难降下来。因此，改变既有建筑改造和升级换代模式，由大拆大建改为更新和改造，可以大幅度降低建材的用量，从而减少建材生产过程的碳排放。建筑产业应实行转型，从造新房转为修旧房。这一转型将大大减少房屋建设对钢铁、水泥等建材的大量需求，从而实现这些行业的减产和转型。

3. 施工阶段碳排放计算、计量与评价

建筑物从其原材料生产、运输、施工安装、运营使用到拆除处理整个全寿命期内都会排放出大量温室气体，建筑领域一直是世界能源消耗和温室气体排放的主要源头之一。目前我国的绿色建筑评估内容主要关注在设计阶段与竣工后的运营阶段，在绿色建筑建造施工阶段指标也没有明确需要全面控制碳排放量的要求。

为贯彻国家有关应对气候变化和节能减排的方针政策，规范建筑碳排放计算方法，节约资源，保护环境，住房城乡建设部发布国家标准《建筑碳排放计算标准》GB/T 51366—2019，建筑物碳排放计算按全寿命期考虑，可以分别计算建筑物运行阶段碳排放、施工及拆除阶段碳排放、建材生产及运输阶段碳排放。

施工阶段的能耗是在施工阶段各种施工机械、机具和设备使用的能耗；主要由两部分组成：一是构成工程实体的分部分项工程的施工能耗；二是为完成工程施工，发生于该工程施工前和施工过程中技术、生活、安全等方面非工程实体的各项措施的能耗。相应地，建筑施工阶段碳排放分为两部分：一是分部分项工程施工过程消耗的燃料、动力产生的碳排放；二是措施项目实施过程消耗燃料、动力产生的碳排放。

随着 BIM 技术与低碳建筑的深度融合，BIM 技术已经成为建筑业低碳化、绿色化的必然途径。通过 BIM 模型可以获取建筑工程在实际施工过程中所需要的全部数据，这为快速、准确、低成本地对建筑施工中的碳排放测算所需数据提供了技术保障，同时通过 BIM 技术可以获取建筑工程施工中机械设备和材料信息等数据，最终可以核算出施工过程中的全部碳排放量。

建筑施工和拆除阶段碳排放的计算边界应符合下列规定：

（1）施工阶段碳排放计算时间边界应从项目开工起至项目竣工验收止，拆除阶段碳排放计算时间边界应从拆除起至拆除肢解并从楼层运出止；

（2）建筑施工场地区域内的机械设备、小型机具、临时设施等使用过程中消耗的能源产生的碳排放应计入；

（3）现场搅拌的混凝土和砂浆、现场制作的构件和部品，其产生的碳排放应计入；

（4）建造阶段使用的办公用房、生活用房和材料库房等临时设施的施工和拆除可不计入。

《建筑碳排放计算标准》GB/T 51366—2019 相关计算方法和计算因子规范了建筑碳排放计算，引导建筑物在设计阶段考虑其全寿命期节能减碳，增强建筑及建材企业对碳排放核算、报告、监测、核查的意识，为未来建筑物参与碳排放交易、碳税、碳配额、碳足迹，开展国际比对等工作提供技术支撑。

《建筑碳排放计算标准》GB/T 51366—2019 附录 A 列出了主要能源的碳排放因子，在计算时可根据计算建筑物所处的区域位置选择对应的碳排放因子，也可采用全国平均值。

据相关数据显示，新建高层混凝土剪力墙住宅的碳排放量在建造阶段，模板工程的碳排放占比最高，达到 50%；脚手架工程的碳排放占比 22%；其他项目的碳排放占比相对较少。产生这种现象主要由木模板的重复使用次数相对较少；而钢脚手架的重复使用次数相对较多引起的。

对比 6 度区的碳排放量，8 度区模板工程的碳排放量高，砌体工程的碳排放量低，而抗震设防烈度对施工阶段的总碳排放影响甚微。这种现象主要是由高烈度的混凝土用量相对增加和砌体用量相对减少而引起。

4. 施工阶段实现"双碳"目标的路径分析

我国对建筑节能的需求在不断提高，同时我国与国际接轨，建立了富有中国特色且符合中国国情的绿色建筑评价标准体系。2019 年发布的新版《绿色建筑评价标准》，对于推动我国绿色建筑向高质量发展起到了很大作用。截至 2020 年底，全国获得绿色建筑评价标识的项目累计达到 1.3 万个，建筑面积超过 14 亿 m²。下一步，我国可加快推进装配式建筑、被动式建筑、科技创新等路径，进一步大规模降低建筑能耗，实现碳中和。

（1）"低碳规划、设计、施工、运营、拆除"模式

低碳化的实现，需要从规划设计、施工、运营以及拆除四个阶段切实展开行动。

在规划设计阶段，就应当注重低碳化技术的引入。在当前低碳化相关技术尚不成熟的整体环境下，对于这一类技术的选择，可能会带来较高的一次成本，但是从基于相关设施的长远角度看，这一成本可以得到缓解，如果均衡环境影响因素来进行考虑，低碳技术的引入必然具有不容忽视的进步意义。施工过程中要尽量使用低碳材料，运用节能低排放的施工工艺，同时降低施工管理中的能耗及碳排放。对于运营而言，在既有的技术条件下，虽然对于碳的排放问题不能从根本上加以改善，但是可以不断对具体工作细节的优化来降低碳的排放，从而降低一次性能源消耗带来的碳排放量。最后，拆除本身也应当秉承低碳的态度，一方面降低拆除过程中对环境带来的各种不利影响，另一个方面则是需要尽量实现拆除残留的物料再利用，从多个角度实现低碳的目标。

（2）大力发展装配式建筑

装配式建筑是推动绿色建造实现的主要形式之一，是建筑智能化、工业化协同发展的主要载体。装配式建筑在生产、建造、装修、使用、拆除等全寿命期内的各个环节实现减碳，能有效解决传统建筑的高能耗问题。例如：在建造阶段，较传统建筑可节水约25%，降低抹灰砂浆用量约55%，节约模板木材约60%，降低施工能耗约20%。又如：在使用阶段，由于装配式建筑以部品、部件工厂化制造部分取代现场建造，能大幅减少质量常见问题发生率，降低后期维护运行成本，延长建筑使用寿命。

推广装配式建筑是建筑业深化改革、转型升级、科技跨越的主脉，是建筑领域落实碳达峰、碳中和重大决策部署的重要途径。

（3）智能建造

智能建造是信息化、智能化与工程建造过程高度融合的创新建造方式，智能建造技术包括BIM技术、物联网技术、3D打印技术、人工智能技术等。智能建造的本质是基于物理信息技术实现智能工地，并结合设计和管理实现动态配置的生产方式，从而对施工方式进行改造和升级。智能建造的发展主要体现在设计过程的建模与仿真智能化；施工过程中利用基于人工智能技术的机器人代替传统施工方式；管理过程中通过物联网技术日趋智能化；运维过程中结合云计算和大数据技术的服务模式日渐形成。

智能建造技术的产生使各相关技术之间急速融合发展，应用在建筑行业中使设计、生产、施工、管理等环节更加信息化、智能化，智能建造正引领新一轮的建造业革命。

（4）既有建筑与构筑物的保留、更新与再利用

既有建筑的保留是提高项目现场资源循环利用率的一个重要手段，既有建筑与构筑物的保留、更新与再利用，不但减少了建造施工阶段建筑垃圾的产出，同时也减少了相应的建材生产、运输环节的碳排放，可以说是双重贡献。在城区或园区规模的建筑项目的规划阶段，建议建立相关的规划控制指标，保障既有建筑可以受到保护保留

更新重用。建立的指标是园区内既有建筑保留的最低面积（m²）指标，并考虑通过法定规划建设审批制度监控保留重用既有建筑，推动实施既有建筑保留的最低面积（m²）指标。

（5）加强低碳科技创新，推广低碳新技术

鼓励在施工阶段应用国家重点节能低碳技术推广目录、节能减排与低碳技术成果转化推广清单中的各种技术。采用信息化技术，如基于 BIM 技术的项目级无纸化协同管理平台；采用新材料，如再生建材等。通过新技术的落地应用，促进低碳施工的目标顺利实现。

（6）建立施工现场的资源循环利用指标

由于目前在中国并没有对建造施工现场的资源回用的强制性指标或要求，国家与地方城市订立的标准都是建议性的，也没有明确的实施管理流程体制。建议建筑项目在施工阶段把适合的、降低能耗和碳排放量的资源回收手段和指标纳入管理中。在政府投资工程和大型公共建筑中全面推行绿色建造。积极推进施工现场建筑垃圾减量化，推动建筑废弃物的高效处理与再利用，探索建立研发、设计、建材和部品部件生产、施工、资源回收再利用等一体化协同的绿色建造产业链。

（7）低碳施工试点示范，做好宣传引导

鼓励大中型项目加入低碳施工试点示范，集成应用低碳施工技术，举行观摩及经验交流活动，使全行业认识到，低碳施工可以实现巨大的环境效益与社会效益，树立绿色低碳施工的发展理念。

（8）建立碳排放权交易制度

建议住建主管部门早日出台建筑施工阶段《碳排放权交易管理标准》及有关实施细则，要求规模以上施工项目加入碳交易系统。低碳排放项目与企业可以通过碳排放权的交易，获得经济激励；高碳排放项目与企业进行网上公示，并逐步将低碳施工作为行业的准入门槛。

1.6.3 运营阶段碳排放

1. 运营阶段碳排放现状

从 2009 年至 2019 年，全球能源消费总量从 164.7 亿 tce 增长至 199.2 亿 tce，年均增长率 1.9%。2009 年至 2019 年，全球能源消费碳排放总量从 297 亿 tCO₂ 增长至 342 亿 tCO₂，年均增长率 1.4%。目前全球已经有 54 个国家的碳排放实现达峰，占全球排放总量的 40%。2020 年，根据中国能源平衡表终端能源消费情况，初步测算我国

农业、工业、交通、建筑四大领域碳排放情况，从不同领域碳排放占比来看，2000 ~ 2018 年，农业占比从 2.1% 下降到 1.2%，工业从 71.8% 下降到 66.9%，交通基本维持在 9% 左右，建筑领域占比从 17% 增长到 22.8%，是我国碳排放中增长最快的领域。

中国社科院学部委员、北京工业大学生态文明研究院院长潘家华指出："碳达峰、碳中和工作没有捷径可走，首先要做的就是要控制化石能源消费。"建筑领域相关的绝大部分能源消费和温室气体排放都是发生在建筑的建造和运行两个阶段。

目前对于建筑能耗与排放的核算边界还缺乏统一的定义。对于建筑领域用能，部分研究仅核算建筑运行阶段的能耗，而一些研究同时考虑了建筑建造与建筑运行两个阶段的能耗，这就导致不同研究最终给出的建筑领域总能耗有较大差异。下文引用的清华大学建筑节能研究中心的研究成果数据，该研究的建筑领域用能和排放的核算边界涉及建筑的不同阶段，包括建筑建造、运行、拆除等。该研究关注的建筑建造和建筑运营使用两个阶段。建造阶段包含了建材生产阶段和建造过程，建筑运营阶段即建筑投入使用后的时间。

根据清华大学建筑节能研究中心对于中国建筑领域用能及排放的核算结果，2019 年中国建造和运行能耗占全社会总能耗的 33%，与全球比例接近。但中国建筑建造占全社会能耗的比例为 11%，高于全球 5% 的比例。建筑运行占中国全社会能耗的比例为 23%，低于全球平均水平，未来随着我国经济社会发展、生活水平的提高，建筑用能在全社会用能中的比例还将继续增长。从 CO_2 排放角度看，2019 年中国建筑建造和运行相关 CO_2 排放占中国全社会总 CO_2 排放量的比例约为 38%，其中建筑建造占比为 16%，建筑运行占比为 22%。

上文提到有关建造阶段碳排放现状，这里不再赘述。下面主要介绍一下建筑运营阶段碳排放现状。以 2019 年为例，我国建筑运行的化石能源消耗相关的碳排放约 21.1 亿 tCO_2。其中直接碳排放约占 29%，电力相关的间接碳排放占 50%，热力相关的间接碳排放占 21%。2019 年我国建筑运行相关 CO_2 排放折合人均建筑运行碳排放指标为 1.6t/cap，折合单位面积平均建筑运行碳排放指标为 $35kg/m^2$。按照四个建筑用能分项的碳排放占比分别为：农村住宅 23%，公共建筑 30%，北方供暖 26%，城镇住宅 21%。

建筑运行阶段碳排放近年来总体上呈现上升趋势，但增速明显放缓，年均增速从"十五"期间的 10.31%，下降到"十三五"期间的 2.85%。其中建筑直接碳排放已经基本进入平台期，建筑电力碳排放近些年仍维持在 7% 的增速，热力碳排放近些年增速约为 3.5%。从建筑运行阶段碳排放构成看，建筑直接碳排放占比从 2000 年的 46.5%，下降到 2018 年 28%；电力碳排放则从 33% 上升到 45%；热力碳排放比例维持在 22% ~ 25%。因此，建筑部门应该以更积极的态度、更先进的技术手段和强制性的政策措施，加速达峰时间，消减达峰峰值，助推我国碳达峰碳中和目标的实现。

中国碳排放体量大、任务重，且完成碳达峰、碳中和目标的时间很紧张。中国能源结构不合理、高碳化石能源占比过高，能源利用效率偏低、能耗偏高，都对目标的完成造成阻碍。建筑领域的减碳行动，已成为我国实现碳达峰、碳中和目标的关键一环。近年来建筑被动式减碳技术、主动式减碳技术有了很大的进步。

绿色低碳设计是实现低碳运营的前提条件，将被动式减碳技术、主动式减碳技术应用于建筑设计过程中，是实现建筑低碳运营的前提条件，是实现碳达峰、碳中和目标的重要手段。

2. 被动式减碳技术

被动式超低能耗建筑是指适应气候特征和自然条件，通过保温隔热性能和气密性能更高的围护结构，采用新风热回收技术，并利用可再生能源，提供舒适室内环境的建筑。同时，也是研究建筑与室外气候、室内微气候相互作用的科学。被动式超低能耗建筑存在三个核心特征，分别是顺应自然、超低能耗和高舒适度。在建筑设计环节上，采用被动式设计策略可以借助建筑朝向、遮阳装置、蓄热材料、自然通风等自然因素实现对可再生能源的直接利用，在推动社会可持续发展方面有极其深远的影响。下面详细介绍被动式超低能耗建筑设计在杭州市西溪湿地龙舌嘴游客服务中心（图 1.6.3-1）和宝时得中国总部 1 号楼（图 1.6.3-2）等项目的应用。

图 1.6.3-1　杭州市西溪湿地龙舌嘴游客服务中心

图 1.6.3-2　宝时得中国总部 1 号楼

杭州市西溪湿地龙舌嘴游客服务中心设计理念：设计中因地制宜地利用被动式设计理念，充分利用自然采光；采用整合设计方法，合理高效地应用了地源热泵、太阳能光热光电等多种绿色建筑技术；室内设计充分利用环保材料、本地速生材料和可循环利用材料以充分体现绿色建筑理念。该建筑为绿色节能示范建筑项目，并获得了LEED 铂金认证及精瑞奖奖章双重殊荣。

宝时得中国总部 1 号楼设计理念：该建筑以被动节能为主、主动节能为辅，秉承低碳、环保的设计理念，采用雨水回收、自然采光、光伏发电等系列绿色技术，是一座节能、舒适、高效的示范性项目。其中光伏发电部分，采用英利"熊猫"高效双玻组件，年发电量 42 万 kWh，提供大楼内 23% 的电能消耗。该建筑获得中美两国最高级别的绿色建筑认证，美国 LEED-NC 铂金级认证和中国绿色建筑三星级设计标识。

3. 主动式减碳技术优化

主动式建筑（Active House）理念起源于欧洲比利时，2002 年由全球 50 多家跨国公司、国际建筑师协会，以及众多知名建筑事务所与建筑研究机构代表，在布鲁塞尔组建了主动式建筑国际联盟，它是一个国际性非盈利学术组织。

主动式建筑的目标是创造更健康、更舒适的居住空间，同时又不对环境或气候造成负面影响。这一概念是在丹麦创造的，并得到了来自建筑学术界、专业人士和材料制造商等全球合作伙伴的认同和支持。通俗地讲，主动式节能建筑就是指采用了"主动式节能"措施的建筑。主动式节能就是通过机械干预手段来降低不可再生资源的消耗。

随着主动式建筑的发展，已展现出三大特征：

第一，舒适——创造更健康，更舒适的生活。

主动式建筑为居住者创造了更健康、更舒适的室内条件，确保了充足的日光和新鲜的空气。主动式建筑发起的立足点就是从人的健康角度入手，建立建筑以人为中心的评价体系。

第二，环境——对环境产生积极影响。

主动式建筑对室内外环境参数是可以感知和调节的。主动式建筑的一个重要特征就是对建筑的主动性能进行提倡和评价。强调建筑要能在节能源保护环境的前提下，主动地适应室内外环境的变化，适应人的不同需求。

第三，能源——为建筑物的能源平衡做出积极贡献。

兴起主动式建筑研究和实践还有一项重要动因，即平衡建筑的舒适健康性、建筑的能耗以及环境保护之间的关系。众所周知，建筑能耗占社会总能耗的 30% 左右，提倡建筑节能对整个社会的节能，对 CO_2 减排，都至关重要。

新源智慧建设运行总部 A 座设计理念：立足"绿色""示范"两个关键定位，旨在通过引入高端的绿色生态技术设计体系，引入光伏建筑一体化"主动产能"技术和直流智能微网系统技术，实现节能、产能的动态平衡，最终帮助建筑满足近零能耗技术要求。该建筑的设计优点：采用嘉盛光电光伏绿色建材琉璃产品 94102W，并结合 220V 直流母线微网系统 150kW、铅碳储能系统 48kWh 电以及直流照明系统 30kW，打造出技术一流的直流智能微网系统，是超低能耗建筑 + 绿色建筑三星级 + 装配式 AAA 标准的绿色节能环保建筑（图 1.6.3–3）。

4. 清洁能源、分布式能源、建筑能源一体化设计

节约能源是减少运营阶段碳排放的主要手段之一，清洁能源、分布式能源、建筑能源一体化设计又是节约一次能源消耗的主要途径。

（1）清洁能源

清洁能源是指在包括其生产与消费在内的开发使用全过程中，具有先进转化利用效率和良好经济性，并对生态环境低污染或无污染的能源，具体包含两方面的内容：

1）可再生能源。消耗后可得到恢复补充，不产生或极少产生污染物，如太阳能、风能、生物能、水能、地热能和氢能等。

2）非再生能源。在生产及消费过程中尽可能减少对生态环境的污染，包括使用

绿带公园

中心景观

集散广场

图 1.6.3-3　新源智慧
建设运行总部 A 座

低污染的化石能源（如天然气等）和利用清洁能源技术处理过的化石能源，如洁净煤
（把煤通过高新技术严密控制地燃烧转变成电力，或通过先进的催化反应等化工技术
转变成为 CO 与 H_2 为主的合成气后制成低碳清洁油品或化工原料，同时实现 CO_2 的捕
集、封存与利用）、洁净油、核能等。

（2）分布式能源

　　能源系统，其根本目的是把一次能源（煤、石油、天然气、可再生能源等）转换
成用户需要的能源服务（供热、供冷、供电等二次能源）等。所以需要解决两个问题，
怎样把能源运到需要的地方，以及怎样完成高效的能源转化。能源输送、能源转化都
有着不可忽略的能源损耗。由此分布式能源系统应运而生，分布式能源是一种能源有
效利用的新型共融方式。

　　分布式能源按电源特性分为：以天然气等燃料为基础的能量转换器和以太阳能等
可再生能源为基础的能源转换器。它与传统的分别供冷供热供电的方式相比，最大的
特点是：节能减排、安全、高效、环保、可靠。分布式能源建在用户端，可独立运行，
也可并网运行，具有安全、灵活等多重优点。它采用需求应对式设计和模块化配置的
新型能源系统，相对于集中供能的分散式供能方式，环境负面影响小，提高了能源供

应可靠性和经济效益，使一次能效发电的发电效率由原来的不到 40%，提高到 80%，甚至更高，是未来世界能源技术的重要发展方向。

（3）建筑能源一体化设计

建筑能源一体化设计是能源系统依附建筑设计的一种新型能源利用形式，设计主体是建筑，客体是能源系统。这里的能源系统一般指光伏系统。因此，光伏系统的设计应以不损害建筑设计原则、结构安全、使用功能及建筑寿命为前提，任何对建筑功能产生不良影响的一体化设计都是不合理的设计。

光伏建筑一体化的概念最早在 1986 年由世界能源组织提出，简称为 BIPV（Building Integrated Photovoltaic），可广义概括为太阳能光伏（光电）建筑一体化，是我国绿色建筑评价标准体系和美国 LEED 认证体系评价的重要指标。

随着光伏技术的发展，光伏设备与建筑的集成度越来越高，BIPV 被赋予新的意义：光伏建筑一体化不是简单的建筑与光伏的叠加，而是根据经济、节能和实用等一系列建筑功能要求，将光伏系统作为建筑设计的围护结构，与建筑主体同时设计、施工，使光伏系统和建筑有机融为一体。光伏板不仅成为发电的部件，未来更可能集围护、隔热、防水、外形美观等多功能性于一身。

光伏发电在生活中已经并不新鲜。但是这种清洁电能在应用时，却存在一个"瑕疵"：光伏发电产生直流电，在输送进入居民小区时却需要变成交流电，而要供空调、电视、冰箱、洗衣机等电器使用时，需要再将交流电变成直流电。其中的转换过程，消耗了不少能量。因此，如何不经转换直接应用光伏发电产生的直流电，减少损耗，成为实现碳达峰、碳中和目标下不少企业争相探索的新技术路径。而既有建成社区直流电的直接使用，更是其中的技术高地。"光储直柔"技术的应用就是解决这个"瑕疵"的最有效的途径。光储直柔是发展零碳能源的重要技术，是指在建筑领域应用太阳能光伏、储能、直流配电和柔性交互四项技术，此技术的应用最低可使建筑用电节约交直流转换损失。"光储直柔"是发展零碳能源的重要支柱，有利于直接消纳风电光电。

华为正在建设华为数字能源安托山基地，将打造成为全球最大的"光储直柔"近零碳园区之一，预计将在 2022 年投入使用。建成后，其将是全球最大的"光储直柔"近零碳园区，每年可产出 150 万 kWh 光伏绿电，年耗电量从 1400 万 kWh 降至 700 万 kWh。年省电达 50%，降低碳排放超 60%。

2021 年 10 月 26 日，国务院发布《2030 年前碳达峰行动方案》（以下简称《方案》）。除了就承诺的"2030 年实现碳达峰"给出了带有时间节点的计划和目标值外，也就如何迈向"碳达峰"这个目标，提出了可行性实施手段——"碳达峰十大行动"。除去"建设集光伏发电、储能、直流配电、柔性用电于一体的'光储直柔'建筑"等建议外,《方案》更提到了储能:到 2025 年,新型储能装机容量达到 3000 万 kWh 以上。国家统计局数据显示,在 2020 年碳排放量的分布中,仅发电一项就占到了总碳排放量的 51%。换而言之,如果解决了电力供给端的碳排放问题,那么就有可能推进碳中和目标完成近一半。而如果将问题进一步细化到如何优化电力供给的问题上,那么若是能够有效解决供电峰谷问题,即意味着发电领域的碳排放问题解决了大半。然而众所周知的是,电是一种"能",而非石油、煤炭这类化石能源,无法采用常规手段储存,只能是用多少"发"多少。每当电网用电高峰开始,联入电网的发电端就需要按照用电负荷来配置发电机组的输出功率。当用电开始进入低谷,发电端就需要针对性地降低输出功率,甚至是关闭机组。总之,随时随地维持一种均衡态。由于发电设备在高峰时的全功率运转,以及用电低谷时的怠速工况,都存在能效比不足的问题,加之电网在配平过程中很难实现完全的精确,而关闭和重启机组本身更存在严重的能耗浪费问题。所以,提供一种有效的储能手段,则无论是电网的可靠和稳定性、入网设备的安全性,乃至于整体碳排放,都能够获得很大的优化和改善。

5. 运营阶段碳排放计算、计量与评价

（1）运营阶段碳排放计算方法

排放因子法 (Emission-Factor Approach) 是 IPCC 提出的第一种碳排放估算方法,也是目前广泛应用的方法。其基本思路是依照碳排放清单列表,针对每一种排放源构造其活动数据与排放因子,以活动数据和排放因子的乘积作为该排放项目的碳排放量估算值:

$$E = A \times EF \times （1-ER/100）$$

式中　E——温室气体排放量（如 CO_2、CH_4 等）;

A——活动水平（单个排放源与碳排放直接相关的具体使用和投入数量）;

EF——排放因子（单位某排放源使用量所释放的温室气体数量）;

ER——消减率（%）。

排放因子法对每个系统中用电设备监测用电量情况。

通过监测各系统设备状态得知各系统的电能消耗,通过公式:

系统消耗的电能 = Σ（系统的电能消耗－系统消耗由可再生能源提供的电能）

若有其他种类能源消耗（燃气、石油、市政热力等）,同理计算。

国家发展改革委员会定期发布全国主要区域电网的不同碳排放因子,查表即可得到所属区域电能的碳排放因子,而其他固体燃料(各种煤炭等)、液体燃料(各种燃油等)

和气体燃料（天然气等）也都可以查到相关的碳排放因子（目前以 IPCC 发布的数据为主），根据不同能源消耗量乘以其因子便得到了不同燃料的碳排放量。通过公式计算：建筑运行阶段单位建筑面积碳排放量（$kgCO_2/m^2$）=[$\sum$（能源年消耗量 × 能源的碳排放因子）−建筑绿地碳汇系统年固碳量] / 建筑面积。

暖通空调系统中建筑使用制冷剂产生的碳排放量，按下式计算：

使用制冷剂产生的碳排放量 =（设备的制冷剂充注量 /1000 × 设备使用寿命）× 制冷剂的全球变暖潜值。

生活热水系统的年耗热量，按下式计算：

生活热水年耗热量（kWh/a）=4.187 × 用水人数（或床位数）× 热水用水定额（设计热水温度−设计冷水温度）× 热水密度 × 年生活热水使用小时数 /1000。

生活热水的能耗，按下式计算：

生活热水系统年能源消耗（kWh/a）=（生活热水年耗热量 / 生活热水输配效率−太阳能系统提供的生活热水热量）/ 生活热水系统热源年平均效率。

太阳能热水提供能量，按下式计算：

太阳能热水系统的年供能量 = 太阳集热器面积 × 太阳集热器采光面上的年平均太阳辐射量 ×（1−管路和储热装置的热损失率）× 基于总面积的集热器平均集热效率。

照明系统无光电自动控制系统时，能耗按下式计算：

照明系统年能耗（kWh/a）=[$\sum$（一年内每天每个房间照明功率密度值 × 房间的照明面积 × 照明时间）+ 应急灯照明功率密度 × 建筑面积 ×24]/1000。

年电梯能耗（kWh/a）=（3.6 × 特定能量消耗 × 电梯年平均运行小时数 × 电梯速度 × 电梯额定载重量 + 电梯待机时能耗 × 电梯平均待机小时数）/1000。

（2）运营阶段碳排放计量——碳中和监测平台应用

碳排放贯穿于建筑物的多项活动，因此碳排量计算有信息量大、数据复杂的特点。构建基于 BIM 的碳排放监测平台，充分利用 BIM 的协同性，利用分析软件从模型中提取活动数据，设定计算程序，选取合适的碳排放系数，有助于对建筑物的碳排放计量。建筑运行阶段碳排放主要计算范围：暖通空调、生活热水、照明及电梯、可再生能源等。

1）暖通空调

①对整体制冷机组的运行状态进行监测：

制冷主机：运行状态、故障报警、冷却水供回水温度、冷却主机供回水压力、冷却主机电动阀开闭控制及状态、冷冻水供回水温度、主机启停控制、主机蒸发器压力、主机冷凝器压力等；冷却塔：冷却塔风机运行状态、故障报警、冷却塔风机启停控制、状态、风机速度及控制状态、冷却塔供回水电动阀开闭控制及状态、水盘液位高低状态等；

冷却水泵、冷冻水泵等其他制冷设备的控制点位；

冷却水管路：冷却水温度旁通阀开度调节及反馈、总管供回水温度等。

②对电热锅炉的运行状态进行监测：

换热器进出水温度、压力,冷凝水温度; 热水循环泵、凝结水泵、补给水泵运行状态、启停控制、故障报警等。

③新风系统的总用电负荷。

④室内温湿度（与风阀风口的开度调节联动）。

2）给水排水及生活热水供给

水泵的控制及运行状态、故障报警、总用水量、耗电量监测，生活热水的温控监测等。

3）电气

①智能照明系统（照度传感器、人体感应传感器）对照明的智能监测；

②变压器、配电柜监测；

③电梯和扶梯的变频、群控和感应启动。

（3）运营阶段碳排放评价

碳排放管理体系（用以建立碳排放管理方针、目标、过程和程序以实现预期目的的一系列相互关联的要素的集合）的核心是持续改进碳排放管理绩效（与碳排放量、碳排放强度有关的、可评价的结果），要求碳排放单位遵循"策划—实施运行—检查—改进"程序，针对碳排放管理活动进行有效策划并提供资源，通过实时控制及检测，发现问题及时改进，实现工业、企业碳效综合评价标准化、科学化、数字化、可视化、公开化。将碳排放管理融入碳排放单位的日常活动中。为此，碳排放单位应：

1）根据相关政策法规、社会责任等外部环境，以及自身需求、能力等内部环境，建立并运行碳排放管理体系；

2）根据所处地理位置、运营场所、组织结构等确定碳排放管理体系的范围和边界；

3）通过策划可行的方案，建立并运行相应的程序，已达到预期目的并持续改进碳排放管理绩效。

通过实行指标修正、评价纠偏等措施，得到运营阶段的碳排放评价，评价结果以综合得分分值判定。综合得分采用百分制计分，总分 100 分。企业按得分从高分到低分进行排序，按一定比例分成五类：

①当得分排名前 10%（含 10%），代表该企业碳效高；

②当得分排名介于 10% ~ 30%（含 30%），代表该企业碳效在较高水平；

③当得分排名介于 30% ~ 70%（含 70%），代表该企业碳效在中等水平；

④当得分排名介于 70% ~ 90%（含 90%），代表该企业碳效在较低水平；

⑤当得分排名后 10%，代表该企业碳效低。

每月动态评价一次，产业政策按照半年度、年度评价结果执行。

6. 运营阶段实现"双碳"目标的路径分析

实现双碳目标，可建立一个"宏观—中观—微观"的碳达峰碳中和工作多层次推进框架。从宏观层面来讲，可结合国土空间规划，把减碳和零碳任务以硬性指标纳入规划体系，明确国土空间用途管制的低碳责任；从中观层面来讲，要完成区域碳排放现状调查、影响及风险分析，并结合产业调整方向预测区域碳排放趋势，设定不同阶段技术路线的侧重点，制定符合区域自身发展情景的碳达峰、碳中和技术路线图。各省、市、自治区政府应牵头成立统筹办公室，完善行业之间的协调机制，促使高耗能行业的退出和升级；从微观层面来讲，企业要清晰梳理温室气体排放情况，制定碳达峰、碳中和技术路线图，并制定逐年减排目标，最终使企业减少温室气体排放。要完善企业环保认证制度和激励制度，制定企业环保认证制度时，应特别强调碳排放相关指标。此外，还可以运用减税、价格调控等激励政策，推动企业进一步提高自主低碳绩效，打造一批"减碳"标兵和"零碳"先锋。

从生态文明建设、制造产业升级，甚至国际政治格局变化等长远角度考虑，"双碳"行动势在必行，整个双碳行动将会沿着"新能源""新电气化革命"两条轨道有序推进，同时伴随着新型节能技术的发展，与森林碳汇的不断建设，"碳中和"的终极目标或可如期甚至提前实现。

（1）源头减量——主动、被动节能技术应用

根据相关文献分析，不同类型建筑能耗组成中，空调能耗最大，照明能耗也相当可观，空调和照明节能潜力较大。参考国内对既有建筑的能源审计，既有公共建筑普遍存在 30% 以上的节能潜力，由于国家日益重视建筑节能，颁布了多项建筑节能政策，随着节能技术的迅猛发展，大量先进、成熟的建筑节能技术已可替代原有陈旧、低效、不合理的建筑设备。

既有建筑节能改造技术包括：

1）围护结构节能，墙体 / 屋面保温隔热、窗户 / 幕墙隔热、外遮阳等；

2）照明系统节能，高效照明灯具、电子镇流器、LED、智能照明控制；

3）供暖空调、热水系统节能，热回收、高效空调系统、变频技术、冷却塔免费供冷等；

4）其他机电系统节能，能源管理系统、电梯、炊事节能等；

5）可再生能源，太阳能热水系统。

（2）能源替代——清洁能源技术应用

"新能源"独立可循环的新能源发电系统或为低碳社会发展的能源基础。从独立性与可循环性、供地压力、发电成本以及系统稳定性四个角度论证，我国电力系统具备新能源化改造的基础，而大规模扩容的新能源供电系统也将为接下来的电气化改造提供能源基础与环保逻辑支撑。

"新电气化革命"中，钢铁、水泥等行业将逐步实现电气化改造。电炉炼钢与电加热水泥生产技术的市场覆盖范围或将大规模增加，催生巨额的用电需求，同时带动上游工业气体、非碳还原剂等相关行业兴起。

（3）碳汇和碳捕集技术应用

建筑碳汇：1997年通过的《京都议定书》中首次提到碳汇一词，目前碳汇通常是指通过植树造林、植被恢复等措施，吸收大气中的 CO_2，从而减少温室气体在大气中的浓度的过程、活动或机制。按类别可细分为森林碳汇、草地碳汇、耕地碳汇及海洋碳汇等。

其中，森林碳汇是目前相对建设效率最高的碳汇；海洋碳汇的碳捕捉量虽然较大，可占全球生物/绿色碳捕捉量一半以上，但人工对其干涉的效率也相对较低；草地与耕地碳汇由于其固碳部分已通过粮食消耗等途径再次循环入大气之中，绝对固碳效果也相对弱于森林碳汇。

碳捕集：2021年3月3日，联合国欧盟经济委员会（UNECE，以下简称"欧洲经委会"）发布《碳捕获、利用与封存（CCUS）》（Carbon Capture, Use and Storage）报告，报告旨在向成员国介绍 CCUS 技术、帮助政策制定者评估 CCUS 技术的优势以及推动在经济转型期部署 CCUS 技术。到 2050 年，欧洲经委会的国家既需要将对化石燃料的依赖从 80% 以上减少到 50% 左右，又要实现负碳排放。到 2050 年，欧洲经委会地区的国家需要减少或捕获至少 90Gt 的 CO_2 排放量，以保持实现 2℃目标的道路。

1.7 以人为本

以人为本，指以人为价值的核心和社会的本位，把人的生存与发展作为最高的价值目标，一切为了人，一切服务于人。中共十七大报告中指出：科学发展观，核心是以人为本。主张的是发展"为了人"，同时，发展也要"依靠人"，重点突出了人的主体地位；在习近平新时代中国特色社会主义思想中也突显出以人民为中心这一重要思想。坚持以人民为中心，就是要求把增进人民福祉、促进人的全面发展，朝着共同富裕的方向稳步前进作为经济社会发展的出发点和落脚点。

对建筑行业而言，由行业性质所决定，它自身必须是坚持以人为本的行业。以人为本在绿色建造中有两层含义：一是相对于技术而言，要以人为本，技术最终是要人来实现的，技术永远是为人服务的，人相对于技术应该是优先的存在，在技术创新时应更多地考虑人的因素。二是相对建筑全寿命期而言，人的因素是第一位的，人在绿色建造中占据关键位置，绿色建造产品会更容易实现。

目前，随着建筑行业的发展，以人为本的理念正在越来越多地应用于建筑全寿命期当中，极大地促进了我国建筑行业的发展。绿色建造中也处处体现着以人为本的理念。本节将分别从基于建筑的"建造人""使用人"和"相关人"三个角度出发，对我国绿色建造的发展现状进行剖析。

1.7.1 以建造人为本

建造人是指建筑从立项、设计、施工到落地过程中参与建设的所有人员。在绿色建造中以建造人为本，从建造人内部因素而言，绿色建造的落地对建造人提出了更高的要求，因此需要提升建造人自身的绿色建造素养；从外部环境而言，绿色建造的发展可以改善工作条件，减轻劳动强度。绿色建造在促进建造人的全面发展的同时，也提升了建造人的工作成就感和幸福感。

1. 建造人需要什么

从建筑全寿命期的角度出发，建造人在绿色建造中又分为立项人、设计人、施工人。以下将从这几个方面论述建造人的职业素养发展现状。

（1）立项人

绿色建造于立项人而言，就是做出一个好的绿色建筑立项策划。绿色立项人开展绿色建造的顶层设计，以节约资源、保护环境为根本要求，因地制宜对建造全过程进行人、机、料、法、环的全盘策划，明确绿色建造的目标及实施路径，形成绿色建造执行纲领。

而目前对于工程立项绿色策划，国内推进得比较少，与国外存在明显差距。多数开发商都是因国家政策需要，被动进行绿色策划。一方面是由于开发商对于绿色建造的认知较少，另一方面绿色建造的成本相对于传统建筑来说比较高。上述两个原因，阻碍了开发商在绿色建造方面的积极主动性。

所以，对于立项人而言，需要站在建筑全寿命期的角度，做好绿色策划，统筹设计咨询、施工于一体，用整体性一体化思维方式去进行绿色建筑立项策划。

（2）设计人

绿色建造于设计而言就是绿色设计。绿色建造于设计人而言，是通过提高其绿色设计意识和绿色设计技能，从而实现绿色建筑设计。

绿色建筑评价标准是以目标来提要求，主要是达到"四节一环保"的目标；而民用建筑设计规范是按照专业来划分，基本按照"建筑—结构—给水排水—暖通—电气"这一线性流程来完成。绿色建筑任意一个目标的完成，都需要更多专业的配合，这改变了传统设计单一线性的流程。再者，传统设计通常满足设计规范即可，但绿色建筑设计包含更多精细化的设计，要求经济效益、社会效益、环境效益等，并且还需要进行各种模拟。

最后，在设计人才队伍建设方面，存在着人才结构有待于优化、人才培养模式单一、对优秀人才缺乏凝聚力和吸引力等问题。目前设计领域对专业领军核心人才的培养普遍缺乏针对性。从事具体工作中坚骨干人才数量匮乏，缺乏培养后备人才的有效方针措施。设计单位应更多地以人为本，以设计者能力提升为切入点，培养更多绿色建造设计阶段专业的领军人才。

（3）施工人

1）施工管理人员

绿色建造于施工管理人员而言其实就是通过培养其专业素养，加强其绿色施工意识，提高其绿色施工技能，实现绿色施工。即在工程建设中，在保证质量安全等基本要求的前提下，通过科学管理和技术进步，最大限度地节约资源，并减少对环境的负面影响，实现节能、节地、节水、节材和环境保护。绿色施工标准较为严格，对人员、物资、管理都有较高的要求。

对于施工管理人员，当前的现状是：建筑人才总量不足，特别是经营管理人才、高层次专业技术人才和高技能人才极其匮乏。施工企业各项人才保障措施相对匮乏，引进的人才难以参加必要的社会活动，难以获得进一步自我提高和发展的途径。

其次，施工管理人员相对于其他专业管理人员总体素质偏低，在很大程度上影响了工程设计思想的落实和工程质量的保证。

2）劳务人员

绿色建造于劳务人员而言，是通过增强其绿色施工意识，提高绿色施工技能，从而实现绿色施工目标。

当前，建筑工人存在流动性大、老龄化严重、技能素质低、合法权益得不到有效保障等问题。其绿色施工意识更是无从谈起。根据 2017 年住房城乡建设部印发的《建筑业发展"十三五"规划》，推动工人组织化和专业化，鼓励现有专业企业做专做精，形成专业齐全、分工合理的新型建筑行业组织结构，建立政府引导、企业主导、社会参与的建筑工人岗前培训、岗位技能培训制度，研究优惠政策，支持企业和培训机构开展工人岗前培训，倡导工匠精神，发挥企业在工人培训中的主导作用，积极开展工人岗位技能培训工作。

2. 如何以建造人为本

（1）改善工作条件

建筑业本身是粗放型产业，工作条件相对较差。国家统计局发布的《2020 年农民工监测调查报告》显示，近年来建筑行业对新生代工人以及新成长劳动力的吸引力逐步下降，老龄化趋势明显。在从业人员数量多且老龄化加剧的情况下，建筑行业需要提高自身对于年轻人的吸引力，因此改善建筑行业的工作条件成了一个亟待解决的重要问题。

而建筑行业工作条件差的问题，归根到底还是由于行业性质所决定的。建造过程是一个从无到有的过程，必须投入大量的人力、物力和财力。宏大的工程往往会因为建设的紧迫性而忽略作为建造人自身的需求，这与以人为本的理念背道而驰，也严重制约了建筑业的持续健康发展。绿色建造为此提供了一个有效途径。绿色建造对于工作条件的改善主要表现在以下三个方面：

1）保障职业健康

改善从业人员的工作条件，首先需要保障劳动者的职业健康免于受到损害。这不仅是建筑企业必须承担的责任，也是构建和谐社会的必然要求。目前，绿色建造理念持续深入，对于建筑从业人员的职业健康问题重视程度越来越高，主要体现在以下三个方面：

①绿色建造对安全管理提出了更高的要求。住房城乡建设部 2010 年 11 月发布的《建筑工程绿色施工评价标准》GB/T 50640—2010 规定，绿色建造必须完全杜绝安全生产死亡责任事故。标准的颁发对项目管理提出了更高要求，使得项目上管理人员的安全意识和安全素质得到了很大提高，项目管理人员通过方案策划、技术交底等方式对施工人员进行教育，同时在现场进行安全监督，为建造人员的安全提供了更有力的保障。

②绿色建造对施工场地污染情况做出了新的规定。《建筑工程绿色施工评价标准》GB/T 50640—2010规定，施工场地的环境污染问题必须严格控制，要求现场扬尘、噪声振动、光污染、现场水源污染以及有害气体都需要严格控制，从源头上减少污染情况，保证施工现场人员的职业健康。

③绿色建造的发展促进了建筑工业化水平提升。绿色建造过程采取机械化、自动化设备代替人进行高噪声、高污染、高危作业，大大降低了从业人员罹患职业病的风险；同时，机械化生产方式有效避免了人工在进行简单机械重复的工作时的厌烦情绪，从而减少精神不集中而造成的安全隐患，保障了人员的生命财产安全。

2）改善工作环境

改善从业人员的工作条件，需要对工作场地的环境进行改善。绿色建造对工作环境的改善主要体现在以下三个方面：

①绿色建造对施工场地基础设施建设提出了新的要求。以往大众对于施工场地的固有印象只有脏、乱、差，而随着绿色建造理念的发展，目前建筑场地的基础设施建设普遍得到了改善，并且绿化率明显提升，场地布置也更为合理，很大程度上方便了作业人员工作及出行。

②施工现场的配套设施也得到了很大提升。目前施工工地的配套设施越来越齐全，已经从一个单纯的施工场所变为了可以真正安居乐业的场所。管理人员的办公区域除了最基本的办公作用外，还可以进行运动、读书等活动，大大减轻了长时间工作带来的疲惫感；同时，生活区域环境也得到了很大改善，员工宿舍的住宿水平明显提升，可以满足基本生活需求；在施工场地，也设置了休息区、茶水间、抽烟点等。在保证施工现场安全文明的同时，也满足了现场人员在进行高强度劳作的休憩需求。

③企业对现场作业人员的关怀越来越周到。按照《中华人民共和国劳动法》要求，企业会为现场施工人员配备安全设备，保证现场施工人员的人身安全，同时，在节假日期间，会为员工发放福利，提高作业人员满足度；在高温或者严寒天气，针对现场情况，单位还会为现场施工人员发放相应的防护用品以及劳动津贴，增强了作业人员的幸福感。

（2）减轻劳动强度

我国建筑业仍是一个劳动密集型的传统产业，传统的建筑方式，因手工操作比重大、作业条件差使得无形中给建筑工人增加了劳动强度，导致越来越多的人不愿意从事建筑业劳动，如何减少手工操作让机械代替繁重、复杂的手工劳动，是提升生产效率、减轻劳动强度的有效途径。装配式建筑、信息化技术、科技创新可最大限度地减少施工工作量，能有效提升建设效率，从根本上改变传统的作业方式，是减轻劳动强度寻求突破的有效方法。

1）装配式建筑

装配式建筑为一种由工厂生产构件、在施工现场组装而成的建筑，相比传统工程建造模式，装配式建筑能有效缩短建筑工期，减少返工，施工过程可以机械化安装，提高施工效率，降低现场施工人员的劳动密集程度。

在此背景下，2013 年的《绿色建筑行动方案》提出推广适合工业化生产的预制装配式混凝土、钢结构等建筑体系，加快发展建设工程的预制和装配技术，提高建筑工业化技术集成水平。2016 年以后，中央层面关于装配式建筑的政策文件密集出台，对装配式建筑发展规划、标准体系、工程质量、产业链管理等方面要求予以明确，2017年《"十三五"装配式建筑行动方案》中提出，到 2020 年全国装配式建筑占新建建筑面积比例达 15% 以上。2020 年，《"十四五"建筑节能和绿色建筑发展规划（征求意见稿）》将装配式建筑面积占比从 15% 进一步提高到 30%。

2）信息化技术

信息化技术的发展对我国建造技术产生了巨大影响。不到 40 年的时间，设计工作从手工绘图进入计算机辅助绘图，又从计算机绘图发展到 BIM 三维设计。BIM 的应用使各专业之间信息可以完成共享，不需要重复输入信息，不仅减少了错误，又提高了效率。BIM 技术的设计与施工一体化，更能减少建筑工程"错、缺、漏、碰"现象的发生，从而减少返工减轻劳动量。

BIM 在技术研究和实际应用中均取得了突破性进展，特别是在各方协同操作、设计方案的可行性分析、施工全过程模拟这些方面的应用，明显提升了工作效率，同时也减轻了施工人员的工作强度。

3）科技创新

科学技术是第一生产力，随着科技水平的不断提高，建筑施工技术的水平也相应地有所提高，特别是近年来，施工过程中不断出现的四新技术给传统的施工技术带来了较大的冲击。一系列新技术的出现，不但解决了过去传统施工技术无法实现的技术瓶颈，而且新的施工技术使得施工效率得到了空前的提高，同时可以缩短工期、减小劳动强度、提高工效，为整个施工项目的发展提供了一个更为广阔的舞台。

我国自 2016 年开始出台的一系列政策中均提到了关于新材料、新工艺、新设备、新技术的推广应用。2016 年 1 月工业和信息化部《建材工业发展规划（2016 ~ 2020）》中要求促进绿色建材的生产和应用，到 2020 年，新建建筑中绿色建材应用比例达到 40% 以上。2017 年 3 月住房城乡建设部《"十三五"装配式建筑行动方案》中提出积极推进绿色建材在装配式建筑中应用，到 2020 年，绿色建材在装配式建筑中的应用比例达到 50% 以上。2017 年 8 月住房城乡建设部《住房城乡建设科技创新"十三五"专项规划》中要求重点突破建筑节能与绿色建筑的关键核心技术攻关和集成，推广应用一批新技术、新工艺、新材料、新产品，整体提升住房城乡建设技术水平，大幅提高科技进步对行业发展的贡献率。住房城乡建设部《建筑业 10 项新技术（2017 版）》的发布更是有助于促进建筑产业升级，加快建筑业技术进步。

（3）提升整体素质

目前，我国建筑业仍是以劳动密集型为主。随着时代的发展，社会老龄化加剧，建筑业相对其他行业有着工作强度高、工作环境差、利润率低的特点，对劳动者的吸引力不高。而且，劳动力价格逐年上涨，建筑产业亟需向科技密集型升级。

而向科技密集型升级的重要一环就是建筑人才问题，目前我国建筑从业人员的现状是普遍文化水平偏低，且缺少专业的技能培训。《国务院办公厅关于促进建筑业持续健康发展的意见》（国办发〔2017〕19 号）中明确提出要提高建筑业从业人员素质：

1）加快培养建筑人才。积极培育既有国际视野又有民族自信的建筑师队伍；加快培养熟悉国际规则的建筑业高级管理人才；大力推进校企合作，培养建筑业专业人才；加强工程现场管理人员和建筑工人的教育培训；健全建筑业职业技能标准体系，全面实施建筑业技术工人职业技能鉴定制度；发展一批建筑工人技能鉴定机构，开展建筑工人技能评价工作；通过制定施工现场技能工人基本配备标准、发布各个技能等级和工种的人工成本信息等方式，引导企业将工资分配向关键技术技能岗位倾斜；大力弘扬工匠精神，培养高素质建筑工人，到 2020 年建筑业中级工技能水平以上的建筑工人数量达到 300 万，2025 年达到 1000 万。

2）改革建筑用工制度。推动建筑业劳务企业转型，大力发展木工、电工、砌筑、钢筋制作等以作业为主的专业企业；以专业企业为建筑工人的主要载体，逐步实现建筑工人公司化、专业化管理；鼓励现有专业企业进一步做专做精，增强竞争力，推动形成一批以作业为主的建筑业专业企业；促进建筑业农民工向技术工人转型，着力稳定和扩大建筑业农民工就业创业；建立全国建筑工人管理服务信息平台，开展建筑工人实名制管理，记录建筑工人的身份信息、培训情况、职业技能、从业记录等信息，逐步实现全覆盖。

3）保护工人合法权益。全面落实劳动合同制度，加大监察力度，督促施工单位与招用的建筑工人依法签订劳动合同，到 2020 年基本实现劳动合同全覆盖；健全工资支付保障制度，按照谁用工谁负责和总承包负总责的原则，落实企业工资支付责任，依法按月足额发放工人工资；将存在拖欠工资行为的企业列入黑名单，对其采取限制市场准入等惩戒措施，情节严重的降低资质等级；建立健全与建筑业相适应的社会保险参保缴费方式，大力推进建筑施工单位参加工伤保险；施工单位应履行社会责任，不断改善建筑工人的工作环境，提升职业健康水平，促进建筑工人稳定就业。

（4）缓解用工危机

建筑工人老龄化已经不是新闻了，越来越多的年轻人选择远离工地。农村经济的复兴加强了对进城务工人员的吸引力，越来越多农民选择就近作业而避免背井离乡，建筑业从业人员近两年持续减少。据中国建筑业协会《2020年建筑业发展统计分析》数据：2020年，20个地区的建筑业从业人数减少，其中，浙江减少58.9万人、山东减少37.7万人、湖北减少26.6万人。天津、吉林、黑龙江、内蒙古、山东、广西、湖北和青海8个地区的从业人数降幅均超过10%。

随着中国经济结构的转型和建筑产业的升级更新，新生代的进城务工人员不再把追求收入放在首要的择业标准，他们更多的是希望能够找到更加体面的劳动，并且在实现自身价值的同时生活品质也能够得到提升。未来建筑行业需要发展，该如何来吸引年轻工人的加入呢？首先必须如前所述改善从业人员的工作条件，同时工作待遇的提高也是必不可少的，工作待遇的提高主要体现在以下三个方面：

1）建筑从业人员的合法权益受到保障。2017年2月发布的《国务院办公厅关于促进建筑行业持续健康发展的意见》提到，企业必须全面落实劳动合同制度，到2020年基本实现劳动合同全覆盖，健全工资支付保障制度，依法按月足额发放工人工资。同时，住房城乡建设部以及人社部联合颁布的《建筑工人实名制管理办法》要求：自2019年3月1日起，建筑企业全面实行建筑业农民工实名制管理制度，坚持建筑企业与进城务工人员先签订劳动合同后进场施工，建筑企业应与招用的建筑工人依法签订劳动合同，切实保障了建筑工人的合法权益。

2）建筑从业人员的工资水平提高。目前建筑行业薪资仅为全国平均水平的72.5%。同时作为建筑行业主要人力来源的建筑工人月均薪资仅为4699元，年均薪资56388元（图1.7.1-1），仍有较大提升空间。薪资的提升需要建筑工人自身素质的提高，随着绿色建造的发展，建筑行业专业人才的需求越来越大。2021年1月18日发布的《住房和城乡建设部等部门关于加快培育新时代建筑产业工人队伍的指导意见》指出，到2025年，中级工以上建筑工人达1000万人以上。到2035年，建筑工人就业高效、流动有序，职业技能培训、考核评价体系完善，建筑工人权益得到有效保障，获得感、幸福感、安全感充分增强，形成一支秉承劳模精神、劳动精神、工匠精神的知识型、技能型、创新型建筑工人大军。届时，得益于绿色建造的实施，建筑工人的薪资水平将得到很大提升。

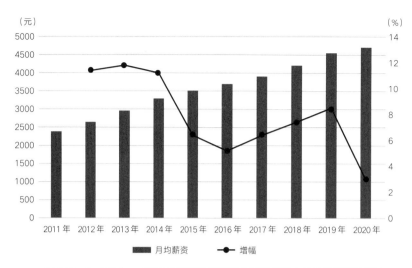

図 1.7.1-1　2011 ～ 2020 年我国从事建筑业进城务工人员月均薪资及增速

3）建筑从业人员社会保障体系逐步完善。到目前为止我国建筑行业工人的社会保障主要包括医疗保险、工伤保险和养老保险。随着绿色建造的发展，社会保障体系也在逐步完善。截至 2019 年参加工伤保险的进城务工人员 8934 万人，缴纳比例达到 30.7%，相较于往年有很大提高。

总而言之，绿色建造的发展对于改善建筑行业从业人员的工作条件发挥了巨大作用，在政策的指引下，本着以人为本的核心理念不断发展。但目前在政策的落地实施方面尚有欠缺，如何将绿色建造的相关政策落到实处，依然是政府、企业需要认真考虑的重要问题。

1.7.2 以使用人为本

使用人是在建筑建成之后，在建筑内生活、工作的人员的总称。建筑从一开始就是为使用人服务的，因此以使用人为本是所有建筑都应该遵循的核心理念。在绿色建造过程中，对这一核心理念的实现方式提出了更高的要求。对使用人而言，绿色建造可以提升建造品质，改善人居环境，减少资源消耗。绿色建造在保护环境的同时，也提升了使用人的居住体验。

1. 提升建造品质

建筑作为公共资源，在全寿命期内，更加强调人与自然和谐共生。高品质绿色建筑不但要注重使用功能，同时需要其关注对人的影响，满足人的需求，坚守"以人为本"的理念，通过人体工程学和声学设计等满足人的需求。节约资源、保护环境、减少污染的绿色建筑，更加注重使用人的视觉、触觉、听觉等多方面的生理和心理感受，坚持以人为本，强调建造者对使用人的责任，既是社会价值观的体现，也是建筑人性化的展现，为人们提供健康、适用、高效的使用空间，最大限度地实现人与自然和谐共生的高质量建筑。

（1）安全耐久

安全耐久是绿色建筑的基础和保障，也是绿色的重要内涵之一。

绿色建筑的安全性是通过构建新的技术指标体系，扩展绿色建筑内涵，坚持"以人为本"的发展理念，利用新的建筑科学技术多途径、多角度提升绿色建筑整体性能来提升建造品质，满足使用人对建筑结构承载力和建筑使用功能要求。

作为一个全寿命期内集成多专业的绿色建筑，耐久是最重要的特征之一。提升建造品质，为使用人提供使用更长久的建筑，不但节约了资源，更是保护环境的有效方式。

（2）工程质量

绿色建筑在保证质量、安全等基本要求的前提下，在工程项目施工周期内通过科学管理和技术进步，最大限度地节约资源（节材、节水、节能、节地）、保护环境和减少污染，实现环保、节约、可持续发展的施工工程。2014年1月8日，住房城乡建设部发布《绿色保障性住房技术导则》，贯彻绿色建筑行动方案，提高保障性住房的建设质量和居住品质，规范绿色保障性住房的建设。

绿色建筑质量保证体现在"资源有效利用"，一是减少建筑材料、各种资源和不可再生能源的使用；二是利用可再生能源和材料；三是设置废物回收系统，利用回收材料；四是在结构允许的条件下重新使用旧材料；五是减少污染物的排放，最大限度地减少对周围环境的影响。同时，绿色施工也是融合保护环境、亲和自然、舒适、健康、安全于一体的建筑。推进"绿色施工"的目的是为人类提供舒适、健康、安全的居住、工作和活动空间，"绿色施工"要求在建筑的全寿命期内（物料生产、建筑规划、设计、施工、运营维修及拆除过程中）实现高效率地利用能源和资源（土地水、材料）和最低限度地影响环境。在保证质量和安全的前提下，努力实现施工过程中降耗、增效和环保效果的最大化。

（3）安全防护

绿色建筑的安全防护应从使用人的安全角度出发，对使用人采取必要的安全防护措施，避免建筑使用过程中对人造成安全风险，例如人车分流、安全玻璃、防夹、坠落防护等。

外墙饰面、外墙粉刷及保温层等材料易破坏，出现外墙空鼓，最后导致坠落，影响人民生命与财产安全。要求建筑物出入口均设外墙饰面、门窗玻璃意外脱落的防护措施，并与人员通行区域的遮阳、遮风或挡雨措施结合，同时采取建立护栏、缓冲区、隔离带等安全措施，消除安全隐患。

建筑室内外的玻璃门窗、幕墙、防护栏杆等采用安全玻璃，室内玻璃隔断、玻璃护栏等采用夹胶钢化玻璃以防止自爆伤人。

对室内空气污染物的浓度提出了更高的要求。对甲醛、苯、总挥发性有机物进行浓度预评估，对颗粒物浓度限值进行了规定，全装修项目可通过建筑设计因素（门窗渗透风量、新风量、净化设备效率、室内源等）及室外颗粒物水平（建筑所在地近一年环境大气监测数据），对建筑内部颗粒物浓度进行估算。通过对有害物质的监测，采取有效措施减少空气污染程度，改善使用人的活动空间环境质量，保障使用人的身体健康。

（4）绿色建材

绿色建材范畴包括建筑节材与材料资源再利用，具备能够满足使用人对建筑功能要求且在全寿命期内可减少对天然资源消耗、减轻对环境影响、具有"节能减排、安全便利和可循环"的重要特征。建筑中选用的可再循环建筑材料和可再利用建筑材料，可以减少生产加工新材料带来的资源、能源消耗及环境污染，最大限度地节约资源、保护环境和减少污染，为人们提供健康、适用和高效的使用空间，与自然和谐共生。

（5）智能化应用

绿色建筑具有明显的信息时代的特征，智能化技术和高科技的绿色环保建筑，已经逐渐成为主导趋势。从整体设计的角度来看，绿色建筑将现代建筑技术与建筑智能化技术、节能减排技术、新能源应用技术等有机结合在一起，由相关的信息技术和其他高新技术所组成的建筑智能化技术，是保证建筑绿色节能得以实现的关键。

智能化手段是绿色建筑的技术支撑，绿色建筑是智能化在建筑中应用的实现目标，绿色建筑和智能化建筑合二为一，以智能化推进绿色建筑，以绿色理念促进智能化发展，体现出人类对现代生存环境在安全舒适、节约能源、减少污染方面的追求。从长远看，是满足以人为本、解决建筑与城市可持续发展问题的需要，也是对于传统建筑的丰富、完善、更新和拓展。将绿色建筑和智能建筑这两个概念结合起来，坚持绿色智能建筑的概念，才可能真正达到可持续发展的目的。

2. 改善人居环境

2021 年 8 月 31 日，国务院新闻办公室举行以"努力实现全体人民住有所居"为主题的新闻发布会。目前我国住房发展、城市建设均取得巨大成就，建筑业支柱产业作用不断增强。2019年城镇居民人均住房建筑面积达到39.8m²，城市基础设施建设步伐加快，城市人居环境明显改善。房地产市场总体保持了平稳运行。城镇化水平已超过60%，步入到城镇化中后期。要由过去大规模的增量建设转向存量提质改造和增量结构调整并重，可见改善人居环境是当前住房发展、城市建设的主要方向之一。但是改善人居环境不仅仅是对于居住、生活环境的改善，还需要便利、多元的社区治理服务以及权益的充足保障。

就"使用人"的角度而言，其人居环境需求随着人们对美好生活向往的日益提升和科技的不断发展而提升，时至今日，广大"使用人"的需求已经达到了一个新的高度，需求主要分为两个层面：一是物质层面，包括居住环境、生活方式、公共服务及设施等；另一个是精神层面，主要包括安全归属感、低碳绿色环保集约理念等，国内已经针对"使用人"的各类需求，探索并实践了一些举措。

（1）居住环境

绝大多数建筑尤其是住宅在使用时，采光、防水、保温、通风等方面是最受关注的，因为这切实关系到"使用人"的生活体验。一个好的居住环境和一个"糟心"的居住环境，对"使用人"的影响是截然不同的。国内建筑业从投资、设计、施工的角度融合低碳绿色理念，综合考虑建筑与环境之间的联系，全过程融入室内环境和室外环境，因地制宜，找到最优设计方案，解决严重问题。例如，济南的中建国熙台一期项目，集成采用自然通风、自然采光、保温装饰一体化外墙围护结构，太阳能利用、雨水回收利用、绿色建材和智能控制等绿色建筑新技术，综合节能达65%，打造出成熟科技型生态人居环境。

（2）生活方式

智能生活期许度越来越高。一方面科学技术的不断革新正在潜移默化地改变着人们的生活方式，奠定了认识基础；另一方面未来题材的影片也表达了人们对智能生活的向往和追求，体现了发展预想。随着具备高带宽、低延时、广连接等特性的5G技术的发展，结合物联网（IoT）、人工智能（AI）、大数据、云计算、机器学习、AR/VR等新一代信息技术，万物互联的基础已经具备，在不久的将来，可能一切依靠智能电子设备即可"呼之即来"。有报告预测，2018年我国物联网连接规模为23亿，预计2022年物联网连接规模将达到70亿。这意味着万物互联的时代正在到来，除了手机之外的更多设备将联网。联网的设备之间，需要互联互通，需要共享数据。最让国内民众熟悉的可能就是华为的鸿蒙系统，鸿蒙是一款全新的分布式系统，将在万物互联时代应用在各类硬件设备之上，实现多设备之间的数据同步、便捷交互，结合应用于人居环境之中，可以更好地为"使用人"服务。

（3）公共设施

"使用人"本身是人居环境的第一要素，是人居环境产生、存在的前提。人居环境的范围可以以社区作划分，社区作为城市运作的基本单元，承担了服务居民和企业的多重责任，为他们提供了不可或缺的居住和经济活动场所，而不断提升居民的满意度、幸福度也正是社区建设的价值所在。因此，社区的建造、管理及服务应将"以人为本"的核心理念贯穿社区发展的各领域和全过程。

2021年4月，广州发布首个产城融合职住平衡指标体系，借助城市更新的契机提高交通覆盖率，优化用地布局，降低住房成本，同时提出构建"5040"职住平衡新生活目标，即50%以上适龄就业人口30min通勤，40%以上居民享受低成本住房。

再以上海为例，2021年3月份，上海发布关于嘉定、青浦、松江、奉贤、南汇5个新城建设的实施意见指出，新城将打造"15min社区生活圈"，逐步完善社区作用；同时加强产业支撑，鼓励产学研联动创新，计划在新城产业社区中增加公租房和配套设备，促进职住平衡，建设人民城市。

（4）安全归属

安全感、归属感、邻里和谐等是"使用人"精神层面的舒适，目前居住小区已基本成为我国城市居住功能的核心单元，多采用封闭或半封闭的形式，在小区内建设公共配套设施以满足小区内或周边居民生活需求。出于安全的考量，过去封闭式小区对于人员进出设置诸多关卡，不便于人员的正常流动。

其实，将封闭式小区的内部部分功能与城市生活对接，中央早已提出了相关的意见。2016年，《中共中央 国务院关于进一步加强城市规划建设管理工作的若干意见》（〔2016〕6号）指出："新建住宅要推广街区制，原则上不再建设封闭住宅小区，已建成的住宅小区和单位大院要逐步打开，实现内部道路公共化，解决交通路网布局问题"。虽然在产权权属、社会民意以及疫情防控等多方面的现实条件下，后续并未提出更细化的实施政策，但可以看出有关居住区对城市空间的分割问题已经受到相关部门的关注，未来或将找到更适合的突破口打破当前居住区对城市功能割裂的问题，从而改善人居环境，提高居民生活质量。

结合前文所述智能化相关科技手段，如人脸识别、人工智能等技术，此前封闭式小区担忧的安全问题或可大大减少，如此，小区内外设施实现共享，小区活力也将在居民活动的支撑下实现明显提升，从而满足"使用人"对人居环境的安全感、归属感、邻里和谐的进一步需求。

（5）绿色低碳

随着社会的不断发展，绿色低碳作为契合可持续发展的先进建造理念也随之愈发深入人心。过去人们追求的是生活的富足，现在，生活条件变好了，人们也在追求可持续发展，一个建造过程高能耗、高污染的人居环境，即便是满足人们生活生产需要，也不被绝大多数人认可，国家对此从工业、建筑、交通三个方面出具了相关政策及举措，国内企业积极响应，从装配式、工业化、信息化、绿色等大方向，突出发展绿色建筑：如建立全产业链式的装配工业化体系、应用绿色建材、结合信息化智能化手段，践行低碳绿色理念。

1.7.3 以相关人为本

工程活动项目为基本单元进行的，而工程项目在时空分布上是不均匀的，它将资金、技术、人力、材料等资源聚集于特定时空点，只能服务于特定的人群，而不是所有人。

绿色建造中的相关人指的是工程项目全寿命期过程之外的上述社会群体。在工程建造过程中，建造本身对相关人会有意或者无意或大或小造成一定的影响。如何在建造过程中降低对相关人的不利影响，甚至转化为对相关人有利的影响是绿色建造值得思考的问题。

在目前的建筑行业形式下，除了建设学校、公园等公益性质的建筑之外，其余绝大多数都不会受到公众的欢迎，然而所有建筑本身在建造过程中或多或少都会影响相关人的正常生活。所以相对于传统建造，绿色建造显得尤为重要。

绿色建造在实施过程中主要从保护相关人的当前权益和保证公众的长期权益两个方面去考虑问题，通过建造前的决策、建造中的实施及建成后的运维三个阶段切实保证相关人的实际权益。

1. 以相关人当前权益为本

为了有效减少建筑施工对其周围环境的影响，进一步提升公众的居住环境，施工的过程中必须深入探寻有效的对策和措施，目前建筑施工过程中对周围环境产生的影响及采取的措施主要体现在以下几点：

（1）建筑施工对周围环境产生的影响

1）水资源不仅是每个民众的日常生活必备资源，也是建筑施工必不可少的材料。在实际建筑施工过程中，材料、机械、设备、施工人员甚至雨雪都会对水资源产生影响，进而对其造成污染。一旦现场没有对上述因素进行及时预防，最终便会对水资源产生污染，威胁着市政水系统的健康运行以及周围居民的身体健康。

2）现场施工人员的大声喧哗和不规范操作、施工机械和设备工作时产生的噪声等都会产生噪声污染，进而影响周围居民的日常工作、学习、生活以及休息。

3）施工单位在夜间施工中的强光照明是引起建筑施工光污染的重要起因，这类光污染对周围居民的休息会产生严重的干扰，为民众带来了极大烦恼，甚至会影响居民的情绪以及健康。

4）施工单位对建筑垃圾，废料等随意抛弃，这极易对水资源，大气环境以及土壤等产生污染，不仅影响城市美化，也会对人们的身体健康带来极大威胁。

5）在实际建筑施工中，车辆运输建筑材料途中的颠簸，施工现场材料的装卸以及材料堆放的不科学，都会产生大量的粉尘，一旦遇到大风天气，便会形成扬尘污染，这对城市的大气环境，周围居民的身体健康造成极大影响。

（2）减少建筑施工对周围环境影响的主要措施

在施工过程中，作为建设单位及施工单位，应主动在减少水资源污染、噪声污染、光污染、建筑垃圾污染、扬尘污染等方面采取严格措施。除此之外，还应通过政府进行宏观调控管理。

首先环保监察部门要对建筑施工对周围环境破坏的案件进行认真受理投诉，扩大环保影响；其次要从严审批夜间建筑施工，以确保不会对周围居民造成干扰，避免噪声和光污染；最后，加大对施工方对周围环境污染的查处力度，公开处罚标准，严格排污申报制度；要充分利用夜间作业单位现场负责人作用，制定责任追究制度。

建筑施工涉及的范围极广，其工期也相对较长，因此对于周围的环境难免会产生如噪声、扬尘以及水资源污染等。因此，必须对各类污染进行深入分析，及时探寻出科学合理的降污方案，从而实现对民众生活环境的有效保护，这对建筑行业的健康发展具有深远意义。

2. 以相关人长期权益为本

对于相关人来说，其长期权益与所居住城市的发展密不可分。城市是经济活动的中心。城市的发展，承载着人民群众对美好生活的向往。随着我国城市化进程的发展，城市规模日趋庞大，绿色城市的发展理念逐步凸显。

近年来我国各地陆续发生多起因为建设项目选址而引发的社会群体事件。邻避行为突出反映了工程项目建设的利益—损害承担不公平问题：设计时主观预期的公共效益为广大人群享受，建成后也会达到这样的目的，但项目周围居民蒙受危害或者担心受到危害，即大众与周围居民之间出现利益损失分配上的不平衡。公平性问题一直是邻避冲突中抗争居民要求的焦点。公共基础建设项目会产生这种分配，一般项目以及工程产品的使用也如此。随着工业化、城市化进程的进一步发展，居民权利意识、风险意识以及环保意识的增强，邻避冲突的发生数量将呈上升趋势。绿色建造会提供更为合理的工程建造过程，从而减少邻避效应的发生。

（1）城市规划水平有待提高

绿色城市首先需要具有合理的规划定位。根据城市的区位条件、人口规模及发展趋势，对城市性质、功能、发展目标等进行准确定位。

完善城市布局结构，健全城镇体系；实施城市生态修复和功能完善工程，提升人居环境质量；加快建设安全健康、设施完善、管理有序的完整居住社区，加强城镇老旧小区改造；加快推进基于数字化、网络化、智能化的新型城市基础设施建设和更新改造，整体提升城市建设水平和运行效率

同时城市规划建设必须与环境保护同步，通过保护和改善城市生态环境来提高城市环境对经济社会发展的承载力，保持地方经济可持续发展的能力。加强环境和生态保护，改善人居环境和工作环境，达到人与自然和谐发展的目的，绿色建造对城市发展提出的必然要求。

（2）公共交通现状有待改善

在一个现代化的城市中，交通系统属于骨架。唯有交通良好，城市方可维持正常的生产生活。而在设计绿色城市时，其中的交通系统也应融入绿色环保元素。

公共交通的发展不仅对城市的环境发挥了至关重要的作用，也为公众出行提供了便利。其中城市轨道交通作为公众出行最重要的交通工具，随着近年来的城市发展，取得了长足的进步。1953年9月，《改建与扩建北京市规划草案要点》第一次明确提出"为了提供城市居民以最便利、最经济的交通工具，特别是为了适应国防的需要，必须及早筹划地下铁道的建设"以来，截至2020年5月1日，我国已开通城市轨道交通的城市共有51个。其中中国内地城市轨道交通开设路线总长度达到6730.27 km，在已开通地铁的城市当中，有13座城市的地铁运营里程超过100km。其中，上海以669km的运营里程排行第一，北京以617km的里程数位列第二，广州则以473km的里程数位列第三。以运营线路条数而言，北京、上海、广州分别以20条、15条、14条位列前三。

（3）公共绿色空间环境有待改善

绿色城市的重要特征便是环境优美的绿色公共空间。在自然条件良好、构造合理的地方，规划出公共绿色空间，同时，与市内街道布局方向、广场朝向、建筑物的整

体颜色相匹配。在自然条件良好、构造合理的地方，规划出公共绿色空间，基于绿色城市打造绿地公园，除了能改善城市环境外，还能提供给人们一定的生活、娱乐空间，帮助城市实现可持续发展。

（4）人性化公共服务水平有待提升

不仅限于日常的衣食住行，政府机构也已进入数字化服务和管理的时代。通过建立"智慧社区"可以更好地满足公共服务需求，智慧社区侧重于通过技术改变居民的生活方式从而实现更高级的社会治理和服务。各省、市、自治区和新疆生产建设兵团一体化在线政务服务平台均已上线，同时众多政府也推广当地办事应用程序，通过让数据多跑路，让企业、居民可以随时随地通过线上平台进行云办理，大大提高了办事效率，更提升了政府公共服务的品质。另外，数字政府的建设为政府管理治理公共问题、平衡公共利益提供了基础技术支持，从自然灾害风险预警、公共卫生风险防范、公安大脑、治安防控、智慧交通等方方面面保障和改善民生。

根据清华大学数据治理研究中心从治理能力、治理效果、组织机构、制度体系四个维度对各地方政府的数字化发展评估结果显示，上海数字政府发展位列全国第一，浙江、北京和广东紧随其后。从省会城市来看，前三名分别为杭州、广州、贵阳（图1.7.3-1、图1.7.3-2）。

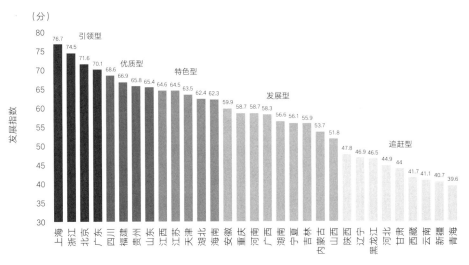

图 1.7.3-1　各地方数字政府发展指数得分及梯队分布

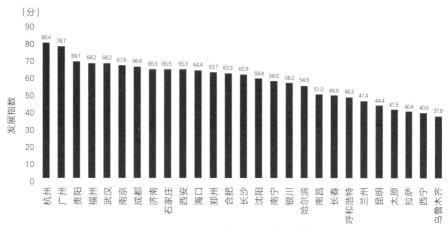

图 1.7.3-2　省会城市数字政府发展指数得分

第 2 章

绿色建造政策与标准

伴随着人们对能源与环境问题重视程度的提高，绿色建造在我国经历了从萌芽、探索到发展的演变。在发展和推动绿色建造的过程中，我国主要从法规政策、规范规程两个方面来系统推进和实施绿色建造，实现工程策划、设计、施工、交付全过程一体化，提高建造水平和建筑品质。

2.1 法规政策

目前，我国尚未针对绿色建造出台专门的法律法规，但是我国与绿色发展相关的法律从 1987 年就开始制定了。三十多年来，国家针对环境保护及节约资源出台了一系列法律法规，包括水污染防治、节约能源、环境噪声污染防治、环境保护管理、大气污染防治、水土保持、再生能源、循环经济等各个角度规定了建设项目中绿色施工的一些要求，为我国进一步发展绿色建筑奠定了坚实的法律基础，地方性法规也对绿色施工相关的节能、环保等方面做出一些管理层面的规定。我国有关绿色发展的法律法规如表 2.1-1 所示。

我国有关绿色发展的法律法规 表 2.1-1

序号	名称	实施时间
1	《中华人民共和国水污染防治法》	1984 年 11 月 1 日, 1996 年修正, 2008 年修订, 2017 年修正
2	《中华人民共和国大气污染防治法》	1988 年 6 月 1 日, 2018 年修正
3	《饮用水水源保护区污染防治管理规定》	1989 年 7 月 10 日, 2010 年修正
4	《中华人民共和国水土保持法》	1991 年 6 月 29 日, 2010 年修正
5	《中华人民共和国固体废物污染环境防治法》	1996 年 4 月 1 日, 2020 年修正
6	《中华人民共和国环境噪声污染防治法》	1997 年 3 月 1 日, 2018 年修正; 2022 年 6 月 5 日起,《中华人民共和国噪声污染防治法》施行。《中华人民共和国环境噪声污染防治法》同时废止
7	《中华人民共和国节约能源法》	1998 年 1 月 1 日, 2016 年、2018 年修正

序号	名称	实施时间
8	《建设项目环境保护管理条例》	1998 年 11 月 29 日，2017 年修订
9	《中华人民共和国水法》	2002 年 10 月 1 日，2009 年、2016 年修正
10	《中华人民共和国清洁生产促进法》	2003 年 1 月 1 日，2012 年修正
11	《中华人民共和国环境影响评价法》	2003 年 9 月 1 日，2016 年、2018 年修正
12	《城市建筑垃圾管理规定》	2005 年 6 月 1 日
13	《中华人民共和国可再生能源法》	2006 年 1 月 1 日，2009 年修正
14	《全国污染源普查条例》	2007 年 10 月 9 日，2019 年修正
15	《环境信息公开办法（试行）》	2008 年 5 月 1 日，2019 年废止
16	《民用建筑节能条例》	2008 年 10 月 1 日
17	《中华人民共和国循环经济促进法》	2009 年 1 月 1 日，2018 年修正
18	《北京市建设工程施工现场管理办法》	2013 年 7 月 1 日，2018 年修正
19	《中华人民共和国环境保护法》	2015 年 1 月 1 日
20	《江苏省绿色建筑发展条例》	2015 年 7 月 1 日，2018 年修正
21	《浙江省绿色建筑条例》	2016 年 5 月 1 日，2017 年、2020 年修正
22	《河北省促进绿色建筑发展条例》	2019 年 1 月 1 日，2020 年修正
23	《辽宁省绿色建筑条例》	2019 年 2 月 1 日
24	《山东省绿色建筑促进办法》	2019 年 3 月 1 日
25	《内蒙古自治区民用建筑节能和绿色建筑发展条例》	2019 年 9 月 1 日
26	《广东省绿色建筑条例》	2021 年 1 月 1 日
27	《碳排放权交易管理办法（试行）》	2021 年 2 月 1 日
28	《白洋淀生态环境治理和保护条例》	2021 年 4 月 1 日
29	《北京市生态涵养区生态保护和绿色发展条例》	2021 年 6 月 5 日
30	《湖南省绿色建筑发展条例》	2021 年 10 月 1 日
31	《天津市碳达峰碳中和促进条例》	2021 年 11 月 1 日
32	《福建省绿色建筑发展条例》	2022 年 1 月 1 日

为深入贯彻落实国家发展绿色建造的行动纲领，各级政府积极响应，出台一系列关于绿色建造相关办法，为绿色建造进一步指明了发展趋势。根据国家相关绿色法律法规要求，各级政府针对当地实际情况，出台适合本地绿色建造的发展政策文件。

1. 国家层面

1)《国务院关于印发"十二五"节能减排综合性工作方案的通知》（国发〔2011〕26号）

该方案提出要开展绿色建筑行动方案，从规划、法规、技术、标准、设计等方面全面推进建筑节能，提高建筑效能水平；加强新区绿色规划，重点推动各级机关、学校和医院建筑，以及影剧院、博物馆、体育馆等执行绿色建筑标准；在商业房地产、工业厂房中推广绿色建筑；推动商业和民用节能，在零售业商贸服务和旅游业展开节能减排活动，商厦、宾馆、写字楼等要严格执行夏季、冬季空调温度设置标准。

2)《国务院办公厅关于转发发展改革委、住房城乡建设部绿色建筑行动方案的通知》（国办发〔2013〕1号）

该方案提出了我国"十二五"期间绿色建筑的发展目标，完成绿色建筑10亿 m^2，到2015年末，20%的城镇新建建筑达到绿色建筑标准的要求。政府投资的国家机关、学校、医院、博物馆、科技馆、体育馆等建筑，直辖市、计划单列市及省会城市的保障性住房，以及单体建筑面积超过2万 m^2 的机场、车站、宾馆、饭店、商场、写字楼等大型公共建筑，自2014年起全面执行绿色建筑标准，并明确了推动绿色建筑发展的十大重点任务和八大保障措施。

3)《中共中央 国务院关于进一步加强城市规划建设管理工作的若干意见》（中发〔2016〕6号）

针对一些城市存在的建筑贪大、媚洋、求怪、特色缺失和文化传承堪忧等现状，该意见提出了"适用、经济、绿色、美观"的建筑八字方针，突出建筑使用功能以及节能、节水、节地、节材和环保，防止片面追求建筑外观形象，强化公共建筑和超限高层建筑设计管理。鼓励国内外建筑设计企业充分竞争，培养既有国际视野又有民族自信的建筑师队伍，倡导开展建筑评论。同时在建造方式上，该意见提出发展新型建造方式，大力推广装配式建筑，积极稳妥推广钢结构建筑。在具备条件的地方，倡导发展现代木结构建筑。

4)《国务院办公厅关于大力发展装配式建筑的指导意见》（国办发〔2016〕71号）

该指导意见规定了健全标准规范体系、创新装配式建筑设计、优化部品部件生产、提升装配式施工水平、推进建筑全装修、推广绿色建材、推行工程总承包、确保工程质量安全 8 项任务和相关要求。其中，在创新装配式建筑设计方面，提出统筹建筑结构、机电设备、部品部件、装配施工、装饰装修，推行装配式建筑一体化集成设计。积极应用建筑信息模型（BIM）技术，提高建筑领域各专业协同设计能力；在提升装配式施工水平方面，提出引导企业研发应用与装配式施工相适应的技术、设备和机具，提高部品部件的装配式施工连接质量和建筑整体安全性能。

5）《国务院办公厅关于促进建筑业持续健康发展的意见》（国办发〔2017〕19 号）

该意见健全完善了建筑业改革发展的顶层设计，从深化建筑业简政放权改革、完善工程建设组织模式、加强工程质量安全管理、优化建筑市场环境、提高从业人员素质、推进建筑产业现代化、加快建筑业企业"走出去"七个方面提出了 20 条措施，对促进建筑业持续健康发展具有重要意义。其中，在推进建筑业产业现代化方面提出要转变建造方式，提升我国建筑业的国际竞争力。以创新驱动引领，推动建筑业传统生产方式的升级改造，不仅仅是科技创新，还包括管理、方式、品牌等要素的创新。以推行工程总承包和全过程咨询服务，推动管理创新，有利于提高工程质量、控制造价，提高工程建设组织效率，更好地对建设项目全过程或全寿命期进行系统兼顾，实现整体优化。以推行智能和装配式建筑，推动建造方式创新，实现标准化设计、工厂化生产、装配化施工、一体化、信息化管理、智能化应用。以加强技术研发应用，推动技术创新，大力推广建筑信息模型（BIM）技术，大幅提高技术创新对产业发展的贡献率。以提升建筑设计水平和加快建筑业"走出去"，推动品牌创新，培育有国际竞争力的建筑设计队伍和建筑业企业，提升对外承包能力，打造"中国建造"品牌。

6）《住房城乡建设部等部门关于印发贯彻落实促进建筑业持续健康发展意见重点任务分工方案的通知》（建市〔2017〕137 号）

为贯彻落实《国务院办公厅关于促进建筑业持续健康发展的意见》要求，住房城乡建设部会同 18 个部委制定了《贯彻落实〈国务院办公厅关于促进建筑业持续健康发展的意见〉重点任务分工方案》。该方案共分为七大部分、20 项内容，其中在推进建筑产业现代化方面，共包含四项内容，涉及绿色建造的内容主要是：

推广智能和装配式建筑。坚持标准化设计、工厂化生产、装配化施工、一体化装修、信息化管理、智能化应用，推动建造方式创新，大力发展装配式混凝土和钢结构建筑，在具备条件的地方倡导发展现代木结构建筑，不断提高装配式建筑在新建建筑中的比例。

提升建筑设计水平。建筑设计应体现地域特征、民族特点和时代风貌，突出建筑使用功能及节能、节水、节地、节材和环保等要求，提供功能适用、经济合理、安全可靠、技术先进、环境协调的建筑设计产品。

7）《国务院办公厅转发住房城乡建设部关于完善质量保障体系提升建筑工程品质指导意见》的通知（国办函〔2019〕92号）

该意见从强化各方责任、完善管理体制、健全支撑体系、加强监督管理4个方面明确了完善质量保障体系提升建筑工程品质的主要举措。其中，在完善管理体制方面，提出了改革工程建设组织模式，推行工程总承包、全过程工程咨询和建筑师负责制；完善招标投标制度，探索建立更好满足项目需求的制度机制；推行工程担保与保险；加强工程设计建造管理，完善建筑设计方案审查论证机制，加强住区设计管理，严格控制超高层建筑建设；推行绿色建造方式，大力发展装配式建筑；支持既有建筑合理保留利用，建立建筑拆除管理制度。

该意见在改革创新方面亮点之一是推行绿色建造方式，强化工程建设组织实施。我国每年建筑消耗的水泥、玻璃、钢材分别占全球总消耗量的45%、42%和35%，传统建造方式资源消耗大、污染排放高，越来越不可持续，亟需大力推行绿色建造方式，强化适应绿色发展的工程建设组织实施模式。对此，该意见提出要完善绿色建材产品标准和认证评价体系，进一步提高建筑产品节能标准，建立产品发布制度；推进绿色施工，降低施工过程对环境的不利影响；按照绿色建筑标准要求，完善绿色建筑评价标识制度；大力发展装配式建筑，鼓励企业建立装配式建筑部品部件生产和施工安装全过程质量控制体系，装配式建筑部品部件实行驻厂监造制度。

8）《住房和城乡建设部关于推进建筑垃圾减量化的指导意见》（建质〔2020〕46号）

该意见指出，建筑垃圾减量化工作要遵循以下基本原则：一是统筹规划，源头减量。要统筹考虑工程建设的全过程，推进绿色策划、绿色设计、绿色施工等工作，采取有效措施，在工程建设阶段实现建筑垃圾源头减量。二是因地制宜，系统推进。各地要根据自身的经济、环境等特点和工程建设的实际情况，整合政府、社会和行业资源，完善相关工作机制，分步骤、分阶段推进建筑垃圾减量化工作，并最终实现目标。三是创新驱动，精细管理。技术和管理是建筑垃圾减量化工作的有力支撑。要激发企业创新活力，引导和推动技术管理创新，并及时转化创新成果，实现精细化设计和施工，为建筑垃圾减量化工作提供保障。

9）《住房和城乡建设部办公厅关于印发绿色建造技术导则（试行）的通知》（建办质〔2021〕9号）

该导则提出绿色建造全过程关键技术要点，引导绿色建造技术方向。"绿色策划"章节明确策划阶段需要开展的工作内容，包括绿色化、工业化、信息化的实施路径和相关指标、明确各方职责等。"绿色设计"章节规定了推进建筑、结构、机电、装修集成设计，探索设计、生产、采购、施工协同设计，引导装配式建筑标准化设计等要求。"绿色施工"章节提出施工阶段的优化设计、资源节约、减少排放、智能技术应用等要求。"绿色交付"章节强调综合性能调适，明确绿色建造效果评估的主要内容和评估机制，提出数字化交付要求。

10）《国务院关于印发"十四五"节能减排综合工作方案的通知》（国发〔2021〕33号）

该方案的总体要求是进一步健全节能减排政策机制，推动能源利用效率大幅提高、主要污染物排放总量持续减少，实现节能降碳减污协同增效、生态环境质量持续改善，确保完成"十四五"节能减排目标。在城镇绿色节能改造工程中，全面推进城镇绿色规划、绿色建设、绿色运行管理，推动绿色运行管理，推动低碳城市、韧性城市、海绵城市、"无废城市"建设。到2025年，城镇新建建筑全面执行绿色建筑标准，城镇清洁取暖比例和绿色高效制冷产品市场占有率大幅提升。

上述国务院和部委颁布的有关政策都以不同形式得到了一定的实施。在国务院办公厅《关于促进建筑业持续健康发展的意见》以及住房城乡建设部等部门《关于印发贯彻落实促进建筑业持续健康发展意见重点任务分工方案的通知》相继发布后，各地方政府陆续下发当地《关于促进建筑业持续健康发展的实施意见》，上传下达，层层执行。各地各有关部门认真贯彻落实意见精神，制定切实可行的工作方案或配套政策，明确具体目标、实施步骤和保障措施，确保各项工作落到实处。

11）《国务院关于印发2030年前碳达峰行动方案的通知》（国发〔2021〕23号）

行动方案以习近平新时代中国特色社会主义思想为指导，全面贯彻党的十九大和十九届二中、三中、四中、五中全会精神，深入贯彻习近平生态文明思想，立足新发展阶段，完整、准确、全面贯彻新发展理念，构建新发展格局，坚持系统观念，处理好发展和减排、整体和局部、短期和中长期的关系，统筹稳增长和调结构，把碳达峰、碳中和纳入经济社会发展全局，坚持"全国统筹、节约优先、双轮驱动、内外畅通、防范风险"的总方针，有力有序有效做好碳达峰工作，明确各地区、各领域、各行业目标任务，加快实现生产生活方式绿色变革，推动经济社会发展建立在资源高效利用和绿色低碳发展的基础之上，确保如期实现2030年前碳达峰目标。

方案要求到2030年，非化石能源消费比重达到25%左右，单位国内生产总值CO_2排放比2005年下降65%以上，顺利实现2030年前碳达峰目标。

对于城乡建设碳达峰行动，方案提出：推进城乡建设绿色低碳转型；加快提升建筑能效水平；加快优化建筑用能结构；推进农村建设和用能低碳转型等。

12）《住房和城乡建设部关于印发"十四五"建筑节能与绿色建筑发展规划的通知》

（建标〔2022〕24号）

为进一步提高"十四五"时期建筑节能水平，推动绿色建筑高质量发展，在"十三五"我国建筑节能与绿色发展取得重大进展的基础上，开启全面建设社会主义现代化国家新征程。规划主要从发展环境、总体要求、重点任务、保障措施、组织实施等方面进行制定。总体目标到2025年，城镇新建建筑全面建成绿色建筑，建筑能源利用效率稳步提升，建筑用能结构逐步优化，建筑能耗和碳排放增长趋势得到有效控制，基本形成绿色、低碳、循环的建设发展方式，为城乡建设领域2030年前碳达峰奠定坚实基础。

2. 地方层面

1）2008年10月，北京市住房和城乡建设委员会发布了《关于在全市建设工程推行绿色施工的通知》，最大限度节约资源，降低施工活动对环境造成的不利影响，保护施工人员的安全与健康，实现绿色施工。2014年8月，北京市住房和城乡建设委员会发布《北京市建设工程扬尘治理专项资金管理暂行办法》（京建法〔2014〕8号），这是北京市针对建设工程扬尘治理颁布的管理办法，有效控制施工现场扬尘污染，进一步加强对建设工程施工现场绿色施工的监督管理。2014年10月15日，北京市住房和城乡建设委员会发布了《关于调整安全文明施工费的通知》（京建发〔2014〕101号），推行绿色施工，有效控制施工现场扬尘污染，提高标准化管理水平。

2）2013年8月1日，上海市城乡建设和交通委员会发布了《关于批准〈建设工程绿色施工管理规范〉为上海市工程建设规范的通知》（沪建交〔2013〕752号），进一步推进绿色施工，实现施工阶段节能降耗和环境保护目标。2015年3月，上海市住房和城乡建设管理委员会发布《关于发布本市房屋建筑工程项目施工能源消耗及水资源消耗控制指标的通知》，降低建筑施工能耗，提高建筑能源利用效率。2020年7月28日，上海市住房和城乡建设管理委员会发布了《关于加快本市绿色建材（预拌混凝土）推广应用的通知》（沪建建材〔2020〕383号），鼓励绿色建筑项目广泛使用绿色建材。

3）在推进装配式建造方式方面，湖南省在全国起步最早，发展较快，是推进装配式建筑发展典型省份。作为被国家正式授予称号的唯一一个装配式建筑科技创新基地及国家7个钢结构装配式住宅建设试点之一，湖南省在推进装配式建筑方面积累了很多宝贵经验。2017年5月，湖南省人民政府办公厅发布《关于加快推进装配式建筑发展的实施意见》（湘政办〔2017〕28号），明确了3个主要目标、8项重点任务和7条政策支持措施，要求省内尚未建成装配式建筑生产基地的市、州、中心城市要在

2017年底建设好基地或是与合理运距范围内其他城市的装配式建筑生产基地确定合作关系，同时规定市、州、中心城市的大多数政府投资工程、部分市政公用设施工程以及个别区县社会资本投资项目应采用装配式建筑，扩大装配式建筑覆盖面。

4）在政策引导激励方面，江苏省出台了《江苏省省级节能减排（建筑节能和建筑产业现代化）专项引导资金管理办法》（苏财规〔2015〕11号），其中建筑节能专项资金主要支持绿色建筑及绿色生态城区区域集成示范项目、建筑能效提升工程、合同能源管理项目、建筑节能科技支撑项目、具有重大示范作用的可再生能源建筑应用和超低能耗被动式节能建筑项目等，建筑产业现代化专项资金主要支持建筑产业现代化示范城市、建筑产业现代化示范基地、建筑产业现代化示范项目及建筑产业现代化标准研究和编制等，充分调动地方和企业的积极性，大力推动省内建筑节能、绿色建筑和建筑产业现代化发展。2017年，江苏省政府印发《关于促进建筑业改革发展的意见》（苏政发〔2017〕151号），围绕深化建筑业"放管服"改革、促进建筑产业转型升级、提升工程质量品质、打造"江苏建造"品牌等方面共提出了20条具体措施，其中要求实施"绿色建筑+"工程。

5）近年来，深圳市先后制定了《深圳市建设事业发展"十三五"规划》（深建字〔2016〕269号）和《深圳市装配式建筑发展专项规划（2018～2020）》（深建字〔2018〕27号），大力推进建筑工业化、绿色化、信息化、标准化和精细化，全面提高新建建筑能效水平和绿色发展质量，大力推广绿色建造工艺和技术，开展建筑单体废弃物"零排放"试点，促进建筑废弃物源头减排。

6）2018年，广东省印发了《绿色建筑量质齐升三年行动方案（2018～2020年）》（粤建节〔2018〕132号），提出到2020年，全省绿色建筑政策法规和技术标准体系基本健全，绿色建筑规划、设计、施工、验收、运营等全生命期监管体制机制进一步完善，各环节执行绿色建筑政策法规和技术标准的力度进一步加强。

7）浙江省人民政府办公厅出台《关于推进绿色建筑和建筑工业化发展的实施意见》（浙政办发〔2016〕111号），提出到2020年，实现全省城镇地区新建建筑一星级绿色建筑全覆盖，二星级以上绿色建筑占比10%以上。从指定产业发展规划、强化生产能力建设、确保项目建设落地、健全技术支撑体系、推进可再生能源建筑一体化应用、推广钢结构建筑、强化质量安全管理、扩大试点示范八项重点任务入手，大力推进绿色建筑发展，促进建筑产业现代化。

近年来，我国各地政府更是密集出台绿色建筑发展政策，已基本形成目标清晰、政策配套、标准完善的体系，对建筑业高质量发展和绿色建造工作具有重要的推动作用，极大促进我国建筑行业和城市居住环境的改善。上海、辽宁、浙江、安徽、青海、宁夏、天津、湖北、黑龙江、内蒙古、新疆、贵州、西藏等地出台了相关政策和文件要推广绿色建材的生产和应用。随着我国新型工业化、城镇化、绿色化的发展和"四个全面"总体战略部署的推进,建筑业已成为稳增长、调结构、惠民生的重点产业。不少先进省市针对绿色建造出台了系列政策文件,但落实效果一般。比如在项目立项、规划条件、土地出让等环节提出装配式建造方面相关要求,但相关政府主管部门未能完全落实执行,导致进展缓慢。发展绿色建造技术,政府引导起着重要作用,在进行绿色建造时,不能盲目模仿,要充分考虑地区经济发展水平和其他条件,采用因地制宜、经济适用的发展规划与技术措施。

2.2 规范规程

2019 年 3 月 13 日,住房城乡建设部发布新的《绿色建筑评价标准》,新定义的绿色建筑是在全寿命期内节约资源、保护环境、减少污染,为人们提供健康、适用、高效的使用空间,最大限度地实现人与自然和谐共生的高质量建筑。绿色建造旨在实现工程建造全过程的绿色化,在国家政策的支持下,国家标准和地方标准在绿色化和工业化这两个方向发展速度较快。2005 年开始,我国相继发布了针对绿色设计、绿色施工方面的规范规程,专门针对绿色策划与绿色交付的规范规程相对较少。同时在制定建筑业绿色发展的相关规范规程中也发布了一些综合性评价规范规程(表 2.2-1)。

我国有关绿色建造的规范规程   表 2.2-1

序号	标准名称	标准号	实施时间
绿色设计规范规程			
1	《夏热冬冷地区居住建筑节能设计标准》	JGJ 134—2010	2010 年
2	《民用建筑绿色设计规范》	JGJ/T 229—2010	2011 年
3	《无障碍设计规范》	GB 50763—2012	2012 年
4	《民用建筑供暖通风与空气调节设计规范》	GB 50736—2012	2012 年
5	《建筑采光设计标准》	GB 50033—2013	2013 年
6	《夏热冬暖地区居住建筑节能设计标准》	JGJ 75—2012	2013 年
7	《建筑采光设计标准》	GB 50033—2013	2013 年

序号	标准名称	标准号	实施时间
8	《公共建筑节能设计标准》	GB 50189—2015	2015 年
9	《民用建筑热工设计规范》	GB 50176—2016	2016 年
10	《严寒和寒冷地区居住建筑节能设计标准》	JGJ 26—2018	2018 年
11	《装配式住宅建筑设计标准》	JGJ/T 398—2017	2018 年
12	《建筑环境通用规范》	GB 55016—2021	2022 年
13	《建筑与市政工程无障碍通用规范》	GB 55019—2021	2022 年
14	《建筑给水排水与节水通用规范》	GB 55020—2021	2022 年
	绿色施工规范规程		
15	《防治城市扬尘污染技术规范》	HJ/T 393—2007	2008 年
16	《建筑工程绿色施工评价标准》	GB/T 50640—2010	2011 年
17	《建筑施工场界环境噪声排放标准》	GB 12523—2011	2012 年
18	《工程施工废弃物再生利用技术规范》	GB/T 50743—2012	2012 年
19	《建设工程施工现场环境与卫生标准》	JGJ 146—2013	2013 年
20	《广东省建筑工程绿色施工评价标准》	DBJ/T 15-97—2013	2013 年
21	《福建省建筑工程绿色施工技术规程》	DBJ/T 13-180—2013	2013 年
22	《建筑工程绿色施工规范》	GB/T 50905—2014	2014 年
23	《吉林省建筑工程绿色施工规程》	DB22/JT 134—2014	2014 年
24	《北京市绿色施工管理规程》	DB11/ 513—2015	2015 年
25	《江苏省绿色建筑工程施工质量验收规范》	DGJ32/J 19—2015	2015 年
26	《山东省建筑与市政工程绿色施工评价标准》	DB37/T 5087—2016	2016 年
27	《生活垃圾处理处置工程项目规范》	GB 55012—2021	2021 年
28	《湖南省建筑工程绿色施工评价标准》	DBJ43/T 101—2017	2017 年
29	《上海市建筑工程绿色施工评价标准》	DG/TJ 08-2262—2018	2018 年

序号	标准名称	标准号	实施时间
30	《山西省公路工程绿色施工评价标准》	DB14/T 1724—2018	2018 年
31	《河南省公路工程绿色施工导则》	DB41/T 1541—2018	2018 年
32	《建筑信息模型施工应用标准》	GB/T 51235—2017	2018 年
33	《建设工程项目管理规范》	GB/T 50326—2017	2018 年
34	《建筑施工机械绿色性能指标与评价方法》	GB/T 38197—2019	2019 年
35	《建筑垃圾处理技术标准》	CJJ/T 134—2019	2019 年
绿色交付规范规程			
36	《绿色建筑工程竣工验收标准》	T/CECS 494—2017	2018 年
37	《建筑信息模型设计交付标准》	GB/T 51301—2018	2019 年
综合性评价规范规程			
38	《住宅性能评定技术标准》	GB/T 50362—2005	2005 年
39	《民用建筑能耗数据采集标准》	JGJ/T 154—2007	2007 年
40	《居住建筑节能检测标准》	JG/T 132—2009	2009 年
41	《建筑光伏系统应用技术标准》	GB/T 51368—2019	2019 年
42	《高层建筑混凝土结构技术规程》13.13 绿色施工部分	JGJ 3—2010	2010 年
43	《城市园林绿化评价标准》	GB/T 50563—2010	2010 年
44	《建筑遮阳工程技术规范》	JGJ 237—2011	2011 年
45	《污水排入城镇下水道水质标准》	GB/T 31962—2015	2015 年
46	《建筑工程可持续性评价标准》	JGJ/T 222—2011	2012 年
47	《被动式太阳能建筑技术规范》	JGJ/T 267—2012	2012 年
48	《既有居住建筑节能改造技术规程》	JGJ/T 129—2012	2012 年
49	《可再生能源建筑应用工程评价标准》	GB/T 50801—2013	2013 年
50	《绿色工业建筑评价标准》	GB/T 50878—2013	2014 年

序号	标准名称	标准号	实施时间
51	《绿色办公建筑评价标准》	GB/T 50908—2013	2014 年
52	《绿色铁路客站评价标准》	TB/T 10429—2014	2014 年
53	《绿色商店建筑评价标准》	GB/T 51100—2015	2015 年
54	《绿色医院建筑评价标准》	GB/T 51153—2015	2016 年
55	《既有建筑绿色改造评价标准》	GB/T 51141—2015	2016 年
56	《绿色饭店建筑评价标准》	GB/T 51165—2016	2016 年
57	《建筑信息模型应用统一标准》	GB/T 51212—2016	2017 年
58	《绿色建筑运行维护技术规范》	JGJ/T 391—2016	2017 年
59	《绿色博览建筑评价标准》	GB/T 51148—2016	2017 年
60	《健康建筑评价标准》	T/ASC 02—2021	2021 年
61	《民用建筑太阳能热水系统应用技术标准》	GB 50364—2018	2018 年
62	《建筑信息模型分类和编码标准》	GB/T 51269—2017	2018 年
63	《既有社区绿色化改造技术标准》	JGJ/T 425—2017	2018 年
64	《绿色生态城区评价标准》	GB/T 51255—2017	2018 年
65	《绿色建筑评价标准》	GB/T 50378—2019	2019 年
66	《外墙外保温工程技术规程》	JGJ 144—2019	2019 年
67	《绿色校园评价标准》	GB/T 51356—2019	2019 年
68	《生活垃圾填埋场无害化评价标准》	CJJ/T 107—2019	2019 年
69	《建筑节能工程施工质量验收标准》	GB 50411—2019	2019 年
70	《制造工业工程设计信息模型应用标准》	GB/T 51362—2019	2019 年
71	《海绵城市建设评价标准》	GB/T 51345—2018	2019 年
72	《建筑碳排放计算标准》	GB/T 51366—2019	2019 年
73	《建筑节能与可再生能源利用通用规范》	GB 55015—2021	2022 年

我国绿色建造推进的主要方式是分别推进绿色设计、绿色施工和绿色建筑评价，三者之间的有机结合比较薄弱。在绿色设计和绿色施工方面，我国已初步建立了国家和地方相关标准体系。

1. 设计阶段

我国在 20 世纪 50 年代初期曾参照苏联建筑法规，编制了《建筑设计规范》作为建筑设计技术依据。《建筑设计规范》主要包括设计管理、建筑设计通则、防火及消防、居住及公共建筑、生产仓库及临时性、综合性建筑等内容。随着建筑设计的发展，又将《建筑设计规范》拆分为若干单项标准进行编制。20 世纪 70 年代国家制定了建筑制图、建筑模数等一批建筑设计基础标准。20 世纪 80 ~ 90 年代又制定了《民用建筑设计通则》《住宅设计规范》等一批通用和专用标准。目前，建筑设计领域的标准体系已经建立。

为了更好地指导我国绿色建筑设计，2010 年，住房城乡建设部颁布了《民用建筑绿色设计规范》，这也是我国首次针对绿色建筑设计专门设立的标准。此外，2010 年以来，还颁布过《居住绿地设计标准》等一系列设计领域的标准。2015 年修订的《公共建筑节能设计标准》，主要技术内容分为 7 章，建立了代表我国公共建筑特点和分布特征的典型公共建筑模型数据库，在此基础上确定了本标准的节能目标，更新了围护结构热工性能限值和冷源能效限值，并按建筑分类和建筑热工分区分别做出规定，同时增加了围护结构权衡判断的前提条件，补充细化了权衡计算软件的要求及输入输出内容，新增了给水排水系统、电气系统和可再生能源应用的有关规定，完善标准。

在国家层面标准规范不断完善的基础上，近年来，全国各地纷纷颁布绿色设计领域的地方标准。以江苏、湖南和深圳三家试点省市为例，江苏省出台了《江苏省绿色建筑设计标准》《江苏省公共建筑节能设计标准》《江苏省居住建筑热环境和节能设计标准》《江苏省游泳场馆建筑节能设计技术规程》；湖南省出台了《湖南省居住建筑节能设计标准》《湖南省公共建筑节能设计标准》等多部绿色设计地方标准；深圳市出台了《深圳市绿色建筑设计导则》《深圳市居住小区低碳生态规划设计指引》《深圳市工业建筑绿色设计规范（电子信息类）》《深圳市公共建筑节能设计规范》《深圳市居住建筑节能设计规范》《深圳市绿色建筑施工图审查要点》等。

2. 施工阶段

绿色施工是实现绿色建造的重要环节，其建立在可持续发展的理念上，主要对建筑施工过程中的各要素进行规范和引导，是可持续发展理念在建筑施工中的体现。

我国对绿色施工的要求主要是通过建设部 2007 年颁布实施的《绿色施工导则》开始的，鼓励各地区开展绿色施工政策与技术研究，充分考虑绿色施工总体要求，为绿色施工创造基础条件。专门针对绿色施工方面的标准较少，主要借助于相关专业标准来实现，借助于环保和节约、绿色建材等法律、法规、标准对绿色施工提出了相关的要求。

2010 年颁布《建筑工程绿色施工评价标准》GB/T 50640—2010，为推进绿色施工，规范建筑工程绿色施工评价方法做出贡献。主要从评价框架体系、环境保护评价指标、节材与材料资源利用评价指标、节水与水资源利用评价指标、节能与能源利用评价指标、节地与土地资源保护评价指标等出发，进一步将绿色施工规范化。在保证质量、安全的前提下，通过科学管理与技术进步，最大限度地节约资源，减少对环境的负面影响。

2014 年，《建筑工程绿色施工规范》GB/T 50905—2014 发布实施，主要从"四节一环保"等指标对绿色施工过程进行评价，并规范了绿色施工评价方法、评价组织和程序等，有效指导了绿色施工的评价。从地基与基础、主体结构、装饰装修、保温和防水、机电安装及拆除工程等分部工程的施工提出了绿色要求和措施，为绿色施工的策划、管理与控制提供了依据，有效推动了我国绿色施工的实施。

2016 年施行的《既有建筑绿色改造评价标准》GB/T 51141—2015，既有建筑绿色改造评价应以进行改造的建筑单体或建筑群作为评价对象，设计评价和运行评价，对于部分改造的既有建筑项目，未改造部分的各类指标也应按本标准的规定评分。既有建筑绿色改造涵盖围护节能结构改造、结构加固、机电系统优化、场地环境优化、室内环境优化等多个方面，而对于不同的绿色建筑改造星级，各方面需要增加的技术措施不同，星级越高需要增加的技术措施越多，但后期节省的运行费用和建筑环境品质也会相应提高。

我国虽然颁布了包括《绿色建筑评价标准》《民用建筑节能设计标准》以及其他涉及水、电、材料等的绿色标准，但是总的来说还不是十分全面，而且执行起来也存在很多问题。从现有的绿色施工标准来看，国内对于施工现场节能、减排、降噪和建筑垃圾处理方面有一些研究，但是缺乏系统的控制技术和管理制度，缺少施工现场扬尘的监测标准，缺少对绿色建造的系统性研究和推进，缺少绿色建造实施和评价标准。绿色建筑技术应用的目的在于提高建筑对于资源的利用率，大量的技术叠加未必能达到资源利用和配置效率的最佳，往往增加成本的同时反而降低了综合效益。因此，对于技术系统化、集成化和技术优选等研究的进程也决定着绿色建筑技术发展的速度和水平。

第 3 章

国外经验精选

伴随着人们对能源与环境问题的重视程度的提高,绿色建造在发达国家经历了从萌芽、探索到发展的演变。工业革命后,"自维持"住宅的概念被提出,建筑材料的热性能、暖通设备的能耗效率和可再生能源等技术问题开始受到关注。20世纪70年代能源危机后,开始倡导节能建筑,为绿色建筑的发展积累了技术和经验。20世纪末,发达国家的建造活动逐步将可持续发展确立为基本理念,相关法律法规、评价体系、示范工程等得以确立和实施,逐步探索与实践了"绿色建筑""零碳排放建筑"和"可持续建造"等行动。21世纪以来,在前期探索和实践的基础上,绿色建造在发达国家得到较快的普及与推广,成为建造领域的主导发展方向。在发展和推动绿色建造的过程中,借鉴欧美等发达国家对于绿色建造的思考和采取的举措对于我国的绿色建造发展有积极意义。本章将从组织管理、环境保护、资源节约、"30·60"双碳目标、以人为本五个方面对国外经验进行总结。

3.1 组织管理

1. 英国

英国常采用的项目组织管理模式主要有建造—运营—移交(Build Operate Transfer, BOT)、设计—建造(Design-Build, DB)、传统的设计—招标—建造(Design-Bid-Build, DBB)、快速路径施工管理方法(Fast-Track-Construction Management, CM)等。进一步优化建设项目组织管理能力对于落实建筑项目和绿色建造的可持续发展目标具有积极意义。2017年英国绿色建筑委员会成立了承包商论坛,在论坛内部建立了沟通渠道,专注于建筑项目可持续性的讨论、促进承包商与其他利益相关者的实践经验分享。2017年8月英国基础设施项目管理局(The Infrastructure and Projects Authority, IPA)和内阁办公室首次发布了《项目和计划管理指南》,2018年10月10日,IPA与内阁办公室发布了关于项目交付的《政府职能标准GovS 002》,标准确定了对政府投资组合、计划项目的方向和管理目标,并在之后多次更新了该指南与标准。为了提升建筑从业人员专业化水平,IPA和内阁办公室还发布了《项目交付能力框架(Project Delivery Capability Framework,PDCF)》指南,PDCF与GovS 002标准同时发布,旨在为项目交付专业人员提供职业发展与能力培养的机会；英国政府网站于 2021 年 1 月 7 日发布了《基础设施和项目管理局命令（Infrastructure and Projects Authority Mandate）》政策文件，委托基础设施和项目管理局负责和处理重大工程项目的交付事宜，IPA 可以直接向内阁办公室和英国财政部汇报项目评估结果。

2. 德国、法国

2021 年 11 月发布的《德国建筑与工程法律法规 2021 ~ 2022（LCLG）》涵盖了对德国建筑工程项目承包模式的说明：在 20 世纪末期，伙伴模式（Partnering Model）开始在德国建筑市场应用广泛，从 2002 年开始，德国部分建筑集团基于伙伴理念在德国建筑市场开发了与工程项目相关的商业模式。近年来，伙伴模式在德国建筑业的应用量增加，尤其应用在大型建筑项目，而中小型项目仍主要采用个人工程合同的形式。工程项目管理需依靠高效的合作模式，德国通常采用的合作模式主要有：长短期合作（Long-term and Short-term Project Partnering）、两阶段合作（Two-stage Partnering）、基于保证最高价格（Guaranteed Maximum Price, GMP）、风险施工管理（Construction Management at Agency/ Risk）和联盟承包（Alliance Contracting），包括与其他管理方法相结合的组合合作方式。与此同时，德国最近还引入了几项基于集成项目交付（Integrated Project Delivery, IPD）的试点项目，德国官方部门还于 2020 年 3 月发布了基于 FAC-1 框架联盟合同的改编版本以供德国市场使用。

公私合作伙伴关系（Private Public Partnerships, PPP）在法国当地建设项目中很普遍，即公共实体向运营商支付费用用以长期设计、建造、融资和运营公共设施。自 2004 年伙伴关系协议（Partnership Contracts）建立以来，已在社会基础设施负责部门、运输部门、通信部门等部门签订了约 580 份协议。国际项目的业主通常参考国际咨询工程师协会的 FIDIC 合同，其中涉及建筑工程、设计—建造、工程采购与施工以及交钥匙合同等详细内容，并规定了承包商和业主的设计与建造义务。法国现委托建造的重要 PPP 项目有：大巴黎快线（Grand Paris Express）、2024 年巴黎奥运村（Paris 2024 Olympic and Paralympic Village）、马赛生态区（Eco-district in Marseille）、法国第十一大学校园（Campus of University of Paris-Sud）。

3. 日本、新加坡

设计—建造一直是日本主要的项目交付方式之一，已经在很多私营或公共的大型建筑项目中得到应用。许多日本总承包商在经济快速增长时期通过设计—建造模式下的设计施工一体化提升了技术实力，并利用一体化设计建造技术将业务拓展到海外。

日本较为有名的总承包商有大成公司、清水公司等建筑企业。

在新加坡，DB被定位为"一种综合的施工方法"，新加坡政府从1994年开始实施设计—建造。新加坡当地的建筑项目通常采用仅建造或DB合同结构，在这种合作模式下，业主需要提供设计基本材料并协调项目设计和施工两方面工作，或者业主直接将设计工作交给总承包商。相比之下，涉及国际方的工程项目通常采用另外两种方式：交钥匙工程（Turnkey）合同或设计—采购—施工（Engineering, Procurement and Construction，EPC）合同，EPC总承包商负责从设计、采购到项目施工、竣工和移交给业主的所有工作；分解的设计、采购、施工管理（Engineering, Procurement and Construction Management, EPCM）合同中，EPCM承包商直接向负责采购和相关贸易合同的业主提供设计、采购和管理服务。

4. 美国

在提升承包商专业化水平方面，美国绿色建筑委员会（The United States Green Building Council，USGBC）的LEED标准在可持续场地、材料、资源、安全和室内环境质量等方面设定了针对总承包商的评分项。为了符合LEED绿色建筑评级，建筑承包商需要从一开始就计划好每项措施，做好组织管理工作，与设备、结构等分包商有效协调以监控和顺利执行计划工作流程。

在工程总承包方面，美国成立了美国联合总承包商（The Associated General Contractors of America，AGC），由27000余家总承包商、专业承包公司以及供应商组成。为了提升承包商专业化水平，AGC制定了精益建设教育计划（Lean Construction Education Program, LCEP）、建立了专业承包商评奖评优机制、成立了AGC精益建设论坛指导委员会，从而实现建设项目价值最大化。

2022年AGC会议提出当前建筑公司面临的突出问题是设计责任的划分。由于建筑师的设计责任与施工方的技术责任界限模糊，业主、建筑设计师、施工方相互指责，无法真正协作与有效沟通，这使得建造过程容易出现问题。与此同时，现有设计规范还存在责任不明确和不充分的问题，同时为了赶工期或降低成本，一些项目的建筑技术规范存在使用混淆的问题。应对这些设计问题，AGC会议提出的一个重要解决方案就是设计专业协议，为建筑师提供设计服务标准。美国建筑市场上主要仍采用传统的风险施工管理承包或DBB的项目交付方式，但在过去20年里，DB承包方式使用率显著上升，其中常用的文件为设计—建造标准合同文件，当采用设计—建造承包方式时，总承包商和贸易承包商的设计责任风险显著增加，所以合同文件中的设计服务标准确保了建筑设计方需最终对业主负责，体现了明确设计责任的重要性。除此之外，在美国，

IPD 也是实现高效精益建造的首选方法，业主在 IPD 模式下会在全寿命期内充分参与工程项目。

5. 澳大利亚、北欧

澳大利亚的建筑行业也采用了许多不同的项目交付方式，常用的传统方法有仅施工（Construct Only）、设计与建造（Design and Construct, D&C）、项目与施工管理（Project Management or Construction Management）等。仅施工是指业主与承包商之间签订合同，承包商仅从事施工工作，委托人聘请设计顾问后将设计成果提供给承包商，承包商不承担任何设计责任，也不保证其适用性；设计与建造通常用于大型住宅项目、大型商业建筑和基础设施工程，采用 AS 4902—2000 标准合同；项目与施工管理通常用于快速交付的大型商业项目。其他较为普遍的项目合作模式有联盟承包（Alliancing）和早期承包商参与（Early Contractor Involvement, ECI），这两种合作模式在澳大利亚大型基础设施交付和维护中的应用越来越广泛。在能源和资源部门，通常还会采用 EPC 和 EPCM。EPC 在澳大利亚常被用于大规模能源或资源的开发项目，例如发电站、加工厂、采矿基础设施交付等，EPCM 常用于石化石油、天然气、采矿和电力部门的重大项目，这两类交付模式主要仍采用 FIDIC 银皮书合同条件。与此同时，澳大利亚公共部门也越来越倾向于采用 PPP 模式交付大型复杂基础设施项目，与私营部门的合作有助于创造高效的服务，从而培育新的解决方案和新兴技术，例如新南威尔士州北部海滩医院、昆士兰黄金海岸轻轨、悉尼轻轨等项目都是采用的 PPP 模式。

在瑞典建筑业中，建筑师的角色仅限早期设计阶段。由于瑞典建筑业的收购和合并，只有三个大型建筑承包商（Skanska、NCC、PEAB）和少数专业住房承包商，瑞典的大型承包商通常在建筑创新中发挥主导作用，业务涵盖开采、制造、传统的建筑核心活动以及知识密集型商业服务。

3.2 环境保护

1. 英国

在扬尘和大气保护方面，英国政府制定了很多防控空气污染的法规与政策。2019 年 5 月，空气质量委员会编制了一份含有 12 项空气质量要求的清单，适用于环境法案。2021 年 6 月，该委员会就英国政府对《环境原则政策声明草案》的咨询进行了答复，发布了《EPUK（Environment Protection UK）对环境原则政策声明草案的回应》。英国政府承诺，到 2025 年，让颗粒物污染水平超标地区减少一半，超标是指超出世界卫生组织建议标准。英国已于 2017 年宣布，将从 2040 年起禁止出售新柴油和汽油汽车。为实现"洁净空气战略"目标，英国政府不仅将采取更严格的措施来管制车辆排放，还将对多种其他排放来源进行更严格管理。此外，政府也将引入新的管理条例，要求农民使用低排放的农业技术，尽可能降低施肥等作业带来的污染。

在排污与水环境保护方面，英国主要以流域为基础进行管理，英国水资源管理实行由环保局推行的流域取水管理战略，环保局下设 8 个派出分支机构（类似于我国流域机构），在水资源管理手段上（包括政策法规和经济手段）执行力较强。在英国，公民参与水管理机制完善，英国水务监管局下设消费者委员会，它由地方行政人员和一般民众代表组成，对水务公司提供的服务进行监督，参与水务管理。

在建筑垃圾与资源化利用方面，英国的垃圾分类标准根据不同城市、不同区域的情况进行差异化制定，垃圾处理方法主要是以公寓小区为单位设立垃圾存放站。为了降低垃圾处理成本，英国实行废弃物填埋税政策。在英国的垃圾处理激励政策方面，主要呈现惩戒严厉、奖金丰厚的特点。

在噪声和声环境提升方面，到目前为止，英国已经将噪声污染治理写入了八项法律规定，对多方面的噪声污染都做了管制规定，同时还明确了治理不同噪声的负责机构。在管制噪声污染方面，各政府机构各司其职，共同努力。除了法律的规定，英国政府还建立了一套完整的噪声污染投诉体系。公众可以对工业、商业、家庭、建筑、车辆、机械和设备的噪声进行投诉；受到噪声污染的家庭还可以从政府得到安装消声设备的补贴。

2. 新西兰

绿星建筑环境评价体系（Green Star NZ）是新西兰绿色建筑协会（NZGBC）于 2007 年开始推行的一套评价绿色建筑的工具，其目的是通过这个评价体系来为绿色建筑的最佳实践设定标准。到 2009 年 5 月为止，Green Star NZ 包括 4 个工具：办公建筑 2009（设计 & 建造）、教育建筑 2009（设计 & 建造）、办公建筑室内 2009（建造）、工业建筑 2009（设计 & 建造）。这一框架体系有 8 大环境影响评价范畴（管理、室内环境质量、能源、交通、水、材料、土地利用 & 生态、排放）和一个创新范畴。所有这些范畴都对改善建筑环境绩效的积极行动设立了加分项。The Green Star-Office 2009（绿星办公建筑 2009）可以对新建和既有办公建筑的设计和建造阶段进行评估（表 3.2-1）。

The Green Star-Office 2009（绿星办公建筑2009）适用范围   表 3.2-1

办公建筑类型		设计	建造	运营
既有	现状	适用于所有办公建筑	适用于所有办公建筑	评价工具在开发中
	较小或主要改造			
	新建			

3. 德国

德国绿色建筑紧紧围绕"建筑节能、提高建筑功能和品质、增强居住和工作的舒适感"，真正体现节能、环保、绿色的概念。德国在建筑物的规划、设计、建造和使用过程中，严格执行绿色建筑系列标准，采用高质量新型建筑材料和建筑新技术、新工艺、新设备、新产品，提高建筑围护结构的保温隔热性能和建筑物能源利用效率，在保证建筑物室内热环境和空气环境质量的前提下，减少供暖、空调、照明、热水供应的能耗，并与可再生能源利用、保护生态平衡和改善人居环境紧密结合。德国绿色建造的环境保护政策、法规主要有：《施工现场垃圾减量化及再生利用技术指南》（Technical Guideline for Waste Reduction and Recycling on Construction Sites-municipal Waste）、《德国联邦交通、建筑和城市开发部可持续建筑指南》（BMVBS: Guidelines for Sustainable Construction. Berlin 2001）、《德国建筑及建筑系统节能法规》（German Regulation for Energy Saving in Buildings and Building Systems）、《德国标准18599建筑能效》（DIN V 18599 Energy Efficiency of Buildings）。绿色建造领域环境保护的标准，前期主要包括一些节能标准、可再生能源利用标准以及被动式建筑技术标准等。但是，随着可持续建筑评价标准（Deutsche Gütesiegel für Nachhaltiges Bauen，DGNB）在2008年的正式颁布实施，德国逐渐形成了一套较完整地针对建筑全寿命期进行动态评价的新标准该标准被称为"绿建领域的二代标准"。DGNB标准专门将"过程质量"单列出一类指标，对于建筑的策划、设计、采购、调试、运营、维护、拆解等全过程都做了指标对应分解，可以说是目前国际上最能涵盖绿色建造内容并在逻辑上一一对应的标准体系（图3.2-1）。

4. 日本、新加坡

日本由于巨大的人口数量、资源的缺乏、特殊的海岛边界和敏感的自然灾害，成为世界上最早开始重视节约和环保的国家。1979年，日本政府首次颁布《节约能源法》，其中包括建筑节能部分。而关于建筑整体性能要求，早在1971年即颁布了《建筑基准法》，后经过多次修订，增加了不少关于绿色建造的规定。为应对资源不足的严重

图 3.2-1　德国汉堡绿色环保设计案例

问题，日本政府重点颁布实施了一系列和建筑材料等可再生材料循环化使用有关的政策标准，如 1977 年的《再生骨料和再生混凝土使用规范》、2000 年的《建设工程材料资源化再利用法》和《建筑材料循环法》、2001 年的《建筑废弃物处理法》、2002年的《建筑废弃物再利用法》等。新加坡建设局在 2009 年 2 月针对绿色施工专项管理颁布了"绿色及友好施工企业"（Green and Gracious Builder）管理细则，开始推进"绿色与友好施工计划"并在 2014 年颁布实施了《绿色与友好施工指南》。

5. 美国

美国联邦、州与地方政府非常重视建筑物的环保。2007 年颁布了第 13423 号总统行政命令，要求联邦政府各部门在能源安全和环保绩效方面做出表率。要求到 2015 年，在 2003 财年基础上降低能耗 30%，在 2007 财年基础上减少用水 16%，新建项目和既有建筑改造要采取节能和有效利用资源等可持续发展战略措施。美国较为典型的环保案例有位于西雅图的布利特中心，以及位于美国匹兹堡的菲普斯可持续景观中心（图 3.2-2）。前者运用了许多尖端的可持续发展环保技术，例如地下蓄水池中安装了收集和过滤家庭

图 3.2-2　美国西雅图的布利特中心（左）和菲普斯可持续景观中心（右）

废水的系统、太阳能热水循环辐射供暖系统、多个调节室温的热量交换井等；后者获得了 LEED 铂金认证。

3.3 资源节约

1. 英国

根据英国国家电网公司发布的数据，2019 年英国可再生能源发电量占比首次超过化石能源，成为英国自工业革命以来"最为清洁"的一年。数据显示，来自风能、太阳能、核能等零碳排放的能源，以及通过海底互联装置进口的能源，所产电量占英国全年电力生产量的 48.5%，化石能源发电占比为 43%，其余 8.5% 来自生物质能。英国在可再生能源方面领跑，源于其在政策、创新、科研等方面的多管齐下。

为解决日益严重的水资源短缺问题，英国政府积极鼓励在居民家中、社区和商业建筑设立雨水收集利用系统，并通过立法手段从根源上解决水资源短缺问题。在 2006 年至 2015 年间，英国政府针对新建房屋设立 1～6 级的评估体系，要求所有的新建房屋至少达到 3 级以上的可持续利用标准才能获得开工许可，而其中最重要的提升等级方式之一就是建立雨水回收系统。2015 年之后，英国政府为更有针对性地控制水资源利用效率，直接要求单一住房单元的居民每天设计用水量不超过 125L 才能获得开工许可。这一规定也要求开发商和居民更加积极地在家中建立雨水回收系统。在重视家庭雨水回收利用的同时，英国也在大力推动大型市政建筑和商业建筑的雨水利用。当前大伦敦区最为典型的就是伦敦奥林匹克公园。园内主体建筑和林地在建设过程中建立了完善的雨水收集系统。通过回收雨水和废水再利用等方式，这一占地 225ha 的公园灌溉用水完全来自于雨水和经过处理的中水。此外，公园还将回收的雨水和中水供给周边居民，使周边街区用水量较其他类似街区下降了 40%。公园周边居民的每天人均用水量也下降至 105L，远低于伦敦地区的平均水平 144L。英国政府和雨水再利用管理协会调研认为，英国利用雨水回收系统在提升水资源利用率方面仍有巨大的潜力。

2. 德国、法国

德国是一个能源匮乏的国家，除煤炭资源较丰富外，能源供应在很大程度上依赖进口。自 20 世纪 70 年代以来，节约能源便成为德国发展经济的一项基本国策。德国政府出台过很多有关环保和节能的法规与计划，如《可再生能源法》、《生物能源法规》、《建筑节能法》、《建筑保温法规》、《供暖设备条例》、《能源节约条例》、"10万个太阳能屋顶计划"等，它们为德国在节能环保方面设立了法律框架。

法国万喜公司开发了在施工中的回收利用技术，能对包括废铁屑、废木材、包装材料、无害工业废物、碎石及填充物、特殊工业废物在内的建筑垃圾进行回收利用、填埋和特殊处理。早在2006年，万喜公司就向世界做出绿色施工的承诺，承诺内容包括减少温室气体排放，加强可持续建筑研究，减少对自然资源的利用，加强对废物再利用的管理，发展环境友好型产业和服务。

3. 日本、新加坡

日本建筑LCA评价体系的建筑材料清单分析中有原始资源的投入与废材循环利用清单，在建设过程中，如果能够对废材进行回收利用将大量减少原始资源、原始材料的投入。日本建筑在建设过程中对结构柱保留或循环利用、对废弃材料进行简单加工处理再回收，在很大程度上降低了生产相应材料对环境造成的破坏。日本高度重视水资源，并以明确条文规定来保障实施，日本CASBEE中也有相关评价标准。

新加坡建设局调查显示，绿色建筑的成本虽比其他建筑高，但长远来看，所节省的能源足以弥补额外成本。2012年7月，坐落在新加坡中央商业区、已营业36年的凯联大厦开始了总价为370万元的能源效率改造项目。改造后，凯联大厦获颁了建设局绿色建筑标识超金奖，每年减少了200万~300万元的水电账单。新加坡海军部村庄项目中100%返还绿化率及1.2英亩的软景观设计为整个社区带来了生机勃勃的生态感官体验，社区中水资源的合理利用积极响应了水敏感城市设计理念。新加坡绿洲酒店是热带城市土地利用集约化的代表，酒店创造了一系列不同的错层空间，这些额外的"地面层"在市中心高密度地带，为整个高层建筑创造了更多的公共娱乐场所和社交互动的机会（图3.3-1）。

图3.3-1　新加坡绿洲酒店（左）和新加坡海军部村庄（右）

在能源转型方面，因太阳能资源丰富，新加坡大力推进楼顶太阳能板。新加坡于2014年推出 SolarNova 计划，使从屋顶产生的太阳能直接输送到电网。从2019年5月开始，新加坡的裕健集团也推出 SolarLand 计划，通过在临时空置的土地上安装太阳能光伏板为电网生产电能。在加速部署的情况下，新加坡 A-star 能源研究所预计到2030年，太阳能将占新加坡高峰电力需求的28%，到2050年将占43%。登格蓄水池的大型浮动太阳能光伏系统也是新加坡推行大面积光伏板项目之一（图3.3-2），它是全球最大的内陆浮动太阳能光伏系统。这套浮动太阳能光伏系统面积45ha，相当于45个足球场，共有122000个太阳能板。

图 3.3-2　新加坡胜科登格浮动太阳能厂

4. 美国

美国在绿色建造领域的标准，主要集中于专项的节能标准和综合的绿色建筑标准两大类。前者包括强制性最低能效标准和自愿性能效标准、联邦能效标准和各州能效标准。近年来，美国联邦政府层面制定并执行的主要强制性节能标准包括：针对基本要求的《标准节能规范》、针对单层和多层住宅要求的《国家节能规范》和针对高层住宅、商业建筑要求的《暖通空调和制冷协会 ASHRAE 标准》等。

美国苹果公司总部大楼秉承了资源节约的理念。在施工阶段，屋面的大量光伏设施就是从场地隔壁的太阳能板生产厂家购入，减少运输能耗；实现融合被动式设计和主动式技术的优化，从而减少碳排放。环形建筑的内外侧幕墙均可大面积开启，使其成为大型自然通风建筑,这一处理使得建筑全年中9个月时间不需要制冷和供暖。另外,建筑中使用了4300个空心混凝土板，可帮助建筑物保持凉爽，降低电耗。其建筑能源100%来自可再生能源，主要由屋顶光伏板发电，其总发电功率达到17 MW，场地内还建设了一座天然气电站（图3.3-3）。

图 3.3-3　位于美国加州库比蒂诺市的苹果公园

5. 澳大利亚、北欧

澳大利亚的产品能效标准制度最早开始于1999年，当年政府针对冰箱和冰柜制定了最低的能耗标准，后来逐步普及开来。2006年7月1日，澳大利亚政府颁布了能源效率提高及节能法案，资源、能源和旅游部（Department of Resource, Energy and Tourism）具体颁布针对法令的"能源效率提高及节能实施计划"。2009年7月，澳大利亚议会签字生效了国家能源发展白皮书，该白皮书要求联邦政府下的各个州和特区提交一个未来10年期的节能发展路线图。2008年开始，澳大利亚政府在全澳境内推行一项专项基金——绿色建筑发展基金（Green Building Fund，GBF），它主要用来支持建筑的业主对既有办公、旅馆和购物中心等建筑进行绿色改造，如提高能效、提高对水资源的使用等。

在太阳能能源利用方面，澳大利亚施行国家太阳能校园计划（National Solar School Program）、太阳能热水器补助计划（Renewable Energy Bonus Scheme–Solar Hot Water Rebate）等。前者主要为中小学在使用可再生能源方面给予补贴，该部分补贴可用于太阳能或者其他可再生能源设备、太阳能热水器、雨水收集罐和其他提高能效的措施等。后者在于为业主和租户提供资金补助，改造现有的电加热热水器。除此之外，澳大利亚还推出了太阳能光伏补助机制、商业建筑能效公示计划、《绿色采购指导手册》、《公共建筑节水指导手册》等用来指导办公建筑和商业建筑如何节能。

北欧工程建造中始终遵循的能源利用原则是：减少能源特别是化石能源的消耗，提高能源利用效率，扩大可再生能源的利用。能源选择上，优先利用当地的可再生能源，包括风能、太阳能、地热能、生物能等，屋顶或墙壁上的太阳能光伏板随处可见。

图 3.3-4　瑞典哥德堡 Kuggen 大楼的自动遮阳系统

能源消耗上，注重建筑的被动节能，注重围护结构（外墙、屋面、门窗）的保温效果，注重遮阳技术的开发和应用，使得单位面积能耗很低。如瑞典哥德堡 Kuggen 大楼（图 3.3-4）、瑞典爱立信大楼，都合理高效地利用了太阳能。在提高能源利用效率方面，北欧建筑普遍采用高效散热器、可调式通风系统、节能灯具、热回收系统、楼宇自动控制系统等。能源网络的建设上，鼓励各类用户开发清洁能源，建立了"小区电网、热网与市政电网、热网串联"模式，实现了区域能源的供求平衡。

3.4 "30·60" 双碳目标

1. 英国

在英国，每年由建筑拆除和挖掘产生的约 1.2 亿 t 废物占英国所有废物的近 60%，更有效的处理过程将有助于减少废物。为了补充政府出台的《工业战略》中应对清洁能力需求增加的挑战，英国将在基础设施中使用创新和更高效的技术。英国将在未来十年花费 6000 多亿英镑用于基础建设，其中至少 440 亿英镑用于住房建设。同时英国也将转向更加清洁环保的发展模式。政府决心从全球转变中最大化英国工业的优势，包括实现到 2030 年将新建筑的能源使用量减半；建造成本和资产的整个生命周期成本降低 33%；从开始到完成新构建所需的时间减少 50%；在建筑环境中减少 50% 的温室气体排放；建筑产品和材料的进出口贸易差额减少 50%。建筑环境占英国碳排放总量的 40% 左右，其中近一半来自于室内和基础设施用电，但由于新建的建筑能效更高，而 80% 的新建建筑会于 2050 年之前建成，所以英国政府的首要任务是既有建筑脱碳。

2. 德国、法国

德国由于纬度较高，冬季较长，建筑能耗占比较大，一般占德国能源消耗总量约 40%。建筑物的 CO_2 排放量约为德国 CO_2 排放总量的 1/3。如何降低供暖开支，减少建筑物热能的损失，如何改变传统的建造方式实现节能低碳的效果，德国一直在进行积极探索。自 2008 年金融危机以后，全球最大承包商之一德国 Hochtief 公司与美国老牌承包企业 Turner 公司合股打造新型绿色承包企业。自 2011 年起，Hochtief 一直致力于碳中和建造（CO_2-neutral Construction）技术的研发，旨在对建筑物在建造和运营过程中产生的碳排放进行中和。为应对建筑物老化问题，Hochtief 还与达姆施塔特技术大学合作开展应对（建筑）老化新生概念技术研究。

法国最大承包商 VINCI 公司 2012 年研发预算达 4700 万欧元，研发涉及企业发展的核心技术如生态设计、能源绩效、基础设施的可持续性等。VINCI 公司自行或合作开发的生态设计工具已有 7 个，如 CONCERNED 生态设计工具，整合公司范围内建筑项目生命周期各阶段的专家系统，用于计算碳排放足迹和开发低碳技术措施。

3. 日本、新加坡

日本 CASBEE 通过建筑生命周期评价（LCA）体系，为建筑生命周期内更为精确地定量评价提供了直接的数据结果，也为我国建筑全寿命期的定量评价提供借鉴。日本建筑 LCA 评价体系将生命周期内 CO_2 排放作为主要评价项目，旨在督促建筑达到 ISO14040 体系要求，从而降低建筑物在全寿命期内对能量的消耗及温室气体的排放。LCA 体系主要从 7 个阶段进行评价，即设计、建设、替代、能源消耗、维护与管理、修缮与更新以及废弃处理阶段。

新加坡政府在强制规定的同时更是采取了大量的激励措施来促进绿色建筑的发展。新加坡政府从 2006 年开始相继推出了"绿色标识激励计划（GMIS）""设计原型绿色标识激励计划（GMIS-DP）""既有建筑绿色标识激励计划（GMIS-EB）"，总共投入一亿多新元的资金来保障 Green Mark 的顺利快速实施。图 3.4-1 是新加坡首座由老房子整修的零碳建筑——新加坡建设局办公大楼，集成了采光、通风、清洁可再生能源、绿植等多项绿色设计与技术。大楼已实现电能的自收自支，楼顶的太阳能板将太阳能转化为电能，在发电高峰时还可将电能输送到公共电网，在用电高峰时，大楼可从公共电网购电。

图 3.4-1　新加坡建设局的零碳办公大楼

4. 美国

美国拥有综合性的绿色建筑评价标准，例如新版本的 LEED 体系已经可以对建筑的策划、设计、施工、运维进行评价，它对建造中的各个连续环节做出了绿色化的具体指标要求，并非只关注最终结果，而是对全过程均有指标考量。包括新商业建设和主要修复项目（LEED-NC）、既有建筑运营（LEED-EB）、商业室内项目（LEED-CI）、核心和围护结构（LEED-CS）、住宅（LEED-H）、社区邻里开发（LEED-ND）、学校和医疗卫生（LEED-AG）七大系列。美国的行业协会在绿色建造方面发挥了较强的规范引领和实施协调作用。例如美国建筑领域的"四大协会"，即美国设计建造协会、美国土木工程师学会、美国建筑师协会、美国总承包商协会都编写有自己的设计＋施工总承包模式合同范本，通过合同条文对绿色建造部分做出规定。龙头企业也对美国的绿色建造发展发挥了重大作用，如美国最大的承包商柏克德（BECHTEL）公司制定的《SHE 手册》、美国绿色建筑先驱企业特纳（Turner）公司制定的《绿色建筑总承包商指南》，实现了对该行业建设活动的规范和引导。美国麦格劳—希尔公司旗下媒体《工程新闻记录》，即 ENR（Engineering News-Record），是全球工程建设领域最权威的学术杂志。ENR 每年对全球总承包商进行排名和分析，同时对全球的承包商、项目业主、工程师、建筑师、政府机构以及供应商等提供绿色建造领域的新理念、新技术、新发明、新工艺等。ENR 发布的 2019 年度最佳项目榜单中，最佳绿色项目花落 Unisphere。这栋建筑已经变成美国最大的净零能耗商业建筑，在 2019 年 2 月该项目获得了 LEED 铂金级认证（图 3.4-2）。

图 3.4-2　美国 Unisphere

5. 澳大利亚、北欧

澳大利亚政府在减碳方面做出许多尝试。如 1996 年发布澳大利亚建筑温室气体排放评价体系（Australian Building Greenhouse Rating System，ABGR）、2006 年开始由政府推的政府运营能效计划（Energy Efficiency in Government Operations，EEGO）与"政府绿色租赁计划"（Government Green Lease Schedule）、2007 年颁布的国家温室气体盘查及能源审计申报法案（National Greenhouse and Energy Reporting Act，NGER）等。

北欧森林资源丰富，建筑结构材料和装饰装修材料多采用可再生的木材、石材。典型案例有享誉世界的芬兰木屋，位于赫尔辛基东约 50km 的古城波尔沃则几乎是由各式各样的木屋构建起来的城市，被人们称为"木屋建筑博物馆"（图 3.4-3）。

图 3.4-3　芬兰波尔沃小镇的红色木屋

3.5 以人为本

1. 以"建造人"为本

英国在以"建造人"为本方面，采取了加薪、立法保障安全和健康问题等措施。英国于 2021 年整体上调了全国最低工资标准，该政策于 2021 年 4 月 1 日生效，使得大约 200 万英国工人受益。此外，英国采取了很多建筑设计与管理手段（Construction Design and Management, CMD）以确保建筑施工安全。例如，英国于 2015 年发布了《2015 建筑（设计和管理）法规》[Construction (Design and Management) Regulations 2015]，要求将施工人员的安全和健康问题放入项目管理中，从前期的设计阶段就要考虑并提前查找出可能会有施工危险或维修危险的问题，最大程度上降低危险系数，避免不必要的人员伤害。针对工人健康和安全的保护，英国于 2021 发布了《1996 年就业权利法》修正草案（保护工人健康和安全不受损害）第 2021 号令 [Employment Rights Act 1996 (Protection from Detriment in Health and Safety Cases) (Amendment) Order 2021]，旨在保障工人的安全。当工人认为所处的环境非常危险，他们有权离开雇主、拒绝返回工作场所以保护自己，该法令于 2021 年 5 月 31 日生效。为了刺激经济、解决失业问题、在 2050 年之前实现碳中和目标，英国政府还进行了多项以应对气候变化和创造就业为目的基础建设投资。2020 年 6 月 30 日，英国发布了一项 4000 万英镑的"绿色复苏挑战基金"（Green Recovery Challenge Fund），慈善机构和环境机构可申请 5 万至 500 万英镑的资金以开展自然保护和恢复项目。该资金预计创造 3000 个就业机会，并保护多达 2000 个现有岗位。2020 年 11 月 12 日，英国政府提出了"到 2030 年创造 200 万个绿色就业机会"的目标，并成立"绿色就业特别工作组"（Green Jobs Task Force），以解决当前及未来低碳经济对于高技能人才培养的需求。

随着澳大利亚向低污染的未来迈进，国家绿色就业计划（National Green Jobs Corps）将为年轻求职者提供机会，在新兴的绿色和气候变化相关行业发展技能。澳大利亚政府发布的国家绿色就业计划（National Green Jobs Corps）主要是对希望日后在绿色事业领域工作的 17 ～ 24 岁的年轻人进行为期 26 周的培训和实习，报名参加计划的年轻人将会受到基础培训、团队工作、项目实践、资格考试等，最终成为绿色领域的合格从业者。国家建筑环境产业创新委员会（Australian Built Environment Industry Innovation Council，BEIIC）是澳大利亚提供资助研发的重要部门，是一个旨在为应对气候变化的商业机会、技能培训、未来生产力等出谋划策的顾问组织。

图 3.5-1　马士基（Maersk）公司总部大楼（丹麦）

北欧主要通过广泛采用预制装配结构体系来实现以"建造人"为本的目标。建筑构（配）件均在工厂中制作，减少了现场噪声和粉尘，保护了环境，保障了建造人员的健康；施工现场临建设施基本做到了工具化、装配化，临时办公和生活用房采用集装箱式的可重复使用的装配式结构，而且主要采用机械施工，降低了建造人员的工作强度。例如马士基（Maersk）公司在丹麦哥本哈根的总部大楼，外墙运用了装修保温一体化预制外挂墙板（图 3.5-1）。

2017 年，新加坡政府推出了建筑业产业转型蓝图，鼓励建筑业拥抱创新科技。该蓝图聚焦三大方面，分别是集成式数码传输（Integrated Digital Delivery，IDD）、面向制造和装配的设计（Design for Manufacturing and Assembly，DfMA）以及绿色建筑。其中，IDD 指借助先进的资讯、通信技术和智能科技，使价值链中的各个环节在合作上更为紧密。DfMA 指把原本大量依赖人力的工地建筑工作，转变成在受监控的工厂环境内的预制工作。其中一个例子是模块化建筑（Prefabricated Prefinished Volumetric Construction，PPVC）技术。建筑业者会预先在工厂里制造和组装 3D 模块单位（Modular Units），再送往建筑工地搭建。新加坡建设局为了帮助建筑业成功产业转型，设立了总值约为 8 亿元的基金，帮助建筑业提高生产力，加强作业能力，力求发展成一套

"新加坡式建筑方式"。图 3.5-2 是位于该市住宅区和 Kent Ridge 学区中心地带的 The Clement Canopy 私人公寓楼，被认为是世界上使用预制与装修结构 PPVC 方法建造的最高混凝土模块化塔楼，其高 140m，由两座 40 层高的塔楼和 505 套豪华公寓组成。每个塔楼由 1899 个模块组成，每个模块大约 85％ 在场外完成，之后在现场组装（图 3.5-2）。

图 3.5-2　用 PPVC 方法建造的 The Clement Canopy（新加坡）

2. 以"使用人"为本

在以"使用人"为本方面，英国开展了绿色社区的推动实践，绿色社区的建设有助于改善人居环境、引导绿色行为和推动绿色生活。英国建筑研究所于 2009 年发布 BREEAM Communities 可持续社区评价体系，该第三方独立评估标准专门用于绿色社区评价，主要评价内容包括社会、环境、经济可持续性目标以及影响建筑环境规划发展目标的规划政策需求，具体信息如表 3.5-1 所示，其中对社区设计、场地塑造、交通运输方面的评价都体现出英国绿色建造推进过程中对人居环境的思考。

BREEAM Communities 评价指标体系　　　　表 3.5-1

评价内容	主要评价指标	分值
气候和能源	洪涝灾害评价、地表径流、降水可持续排水系统、降低热岛效应、能源节约、现场可再生能源利用、未来可再生能源、基础设施服务、水资源消耗	24.0
社区设计	无障碍设计、公众咨询、使用者手册（鼓励可持续行为和生活方式）、社区管理员与运行	10.5

评价内容	主要评价指标	分值
场地塑造	土地资源优化利用、土地再利用、建筑再利用、尊重当地环境、空间美学、公共绿地、当地人口特征调查（保障开发项目能反映当地人口发展趋势并吸引不同层次人群）、可负担住宅、安全设计、街道积极空间（鼓励步行）、过渡空间	24.3
生态与生物多样性	生态调查、生物多样性保护、本地植物	7.2
交通运输	公共交通运输能力、公交站点易达性、公交设施、公共服务设施易达性、自行车路网与设施、汽车共用、多功能停车场、减少停车面积、生活化宅前道路、交通影响评价	30.0
资源	采用低环境影响的材料、使用当地材料、交通设施建设采用可回收材料、有机垃圾堆肥处理、水资源管理总体规划、自然水体污染预防	21.5
商业与经济	区域优势商业、就地就业、增加就业机会、经济活力（新型商业）、吸引投资	7.8
建筑	居住建筑、非居住建筑通过绿色认证	4.5
创新	创新性的设计	5.0

美国绿色建筑委员会于 2009 年联合新城市主义协会（Congress for the New Urbanism）和自然资源保护委员会（Natural Resources Defense Council）等机构共同编制发布 LEED-ND 评价体系（LEED for Neighborhood Development），是绿色建筑评估体系 LEED（Leadership in Energy and Environmental Design）的社区规划和发展版本，如表 3.5-2 所示。评价内容主要包括精明选址与对外连通性、社区规划与设计、绿色基础设施与建筑物、创新设计和区域优先 4 个方面，主要解决了近百年来美国土地资源浪费、原有社区接替、能源过度消耗、环境严重破坏等问题。

LEED-ND 评价指标体系   表 3.5-2

评价内容	主要评价指标	分值
精明选址与对外连通性	精明的区位（在已有社区或临近公共交通基础设施的区域开发）、濒危物种和生态群落的保护、湿地和水体的保护、农业用地的保护、泛洪区地避免、优选的区位、褐地再开发、减少汽车依赖的区位、自行车路网和存放点、住宅与工作地点的接近、陡坡的保护、保护生物栖息地或湿地以及水体的场址设计、生物栖息地或湿地以及水体的恢复、生物栖息地或湿地以及水体的长期保护管理	27
社区规划与设计	紧凑型开发、紧密联系和开放的社区、安全舒适的步行街道、紧凑型开发多元化使用的社区中心、不同收入群体居住的多样化社区、减少停车位的占地面积、街道路网、公共交通设施、交通需求管理、市民和公共空间的易达性、室内外休闲娱乐设施的易达性、无障碍及通用的设计、社区公众参与、当地食物供给、绿树成荫的街道、社区学校	44

评价内容	主要评价指标	分值
绿色基础设施与建筑物	经认证的绿色建筑、建筑能耗的最低化、建筑水耗的最低化、建设活动的污染防治、经认证的绿色建筑、建筑能耗、建筑水耗、景观绿化节水、现有建筑物的利用、历史资源的保护和适应性利用、场地设计与施工干扰的最小化、雨水管理、热岛效应的减少、利用太阳的最佳朝向、在场址上再生能源的利用、区域供热和制冷、公共基础设施的能耗、废水管理、公共基础设施中循环回收材料的使用、固体废物管理的基础设施、光污染的减少	29
创新设计和区域优先	创新和突出的表现、有 LEED 认证的专业人员参与、地域特色	10

新西兰政府于 2005 年 3 月制定了一份"城市设计协议"（Urban Design Protocol），希望借助政府之外的力量来大幅度提高城市设计质量，达成全社会对城市建设的普遍共识。该协议类似于一份志愿者承诺书，它要求协议的签署人遵循设计竞赛的方式参与和支持城市设计，同时每年要提交年度报告说明具体行动措施和结果。《城市设计议定书》的主要受众是政府的城市决策者、房地产开发商和投资者，以及在建筑环境领域工作的专业人士。

北欧建筑设计以实用优雅而闻名，建筑多注重使用功能，满足人的需求，关注对人的影响，坚守"以人为本"的理念，通过人体工程学和声学设计等满足人的需求。例如奥斯陆歌剧院，室内装修尤其是台阶、扶手等这些经常接触的地方，大量使用木材（图 3.5-3），室外乃至室内的儿童游乐场，大多铺满了细沙，避免尖锐棱角，在给儿童提供大量游玩空间的同时也有效保障儿童的人身安全。建筑作为公共资源，反映建造者对使用者的责任，强调开放便民，既是社会价值观的体现，也是建筑人性化的展现。

在新加坡密集的城市环境里，土地和自然资源有限，绿色建筑对于可持续发展来

图 3.5-3　奥斯陆歌剧院内部装饰

说至关重要。早在 2005 年，新加坡建设局已经开始实施绿化新加坡建筑环境的计划，推出了建设局绿色建筑标志（Green Mark）认证计划。该认证以评估建筑物对环境的负面影响及奖励其可持续性发展形成为目的，考核的指标包括节能、节水、环保、室内环境质量和其他绿色特征与创新五方面。建筑须做到高效利用能源与水资源，拥有高品质及健康的室内环境，建筑物与绿化紧密结合，且所有建筑材料均为环保材料。

日本《建筑物综合环境性能评价体系》（Comprehensive Assessment System for Building Environmental Efficiency，CASBEE）是其国家绿色建筑评价标准，于 2003 年正式颁布。CASBEE 考虑建筑和环境共同作用下的影响，日本并没有明确说明"绿色建筑"的概念，只有"环境共生住宅"的概念。环境共生住宅强调保护地球资源，调节能源、资源与废弃物之间的关系，并且以人为本，充分考虑建筑中居住者的健康状态。环境共生理念旨在将建筑、居住者、地域环境有机融合，达到和谐共生，在居住环境优越、地域环境协调、能源资源保护三个目标间达到平衡。日本 CASBEE 通过建筑生命周期评价（LCA），为建筑生命周期内更为精确地定量评价提供了直接的数据结果。CASBEE 还考虑了不同等级多种多样的环境条件，包括宏观的地球自然环境、中观的区域环境和微观的建筑物周边自然环境等，其中建筑物周边自然环境的评分占比为 15%，说明 CASBEE 十分关注室外环境质量。

3. 以"相关人"为本

以"相关人"为本主要指最大限度地减轻建造过程可能对公众造成的不便，例如减少粉尘、降低噪声、保障公众安全性等措施。一些国家、地方政府通过立法立策，提升大型建筑企业的环保意识、绿色建造科技水平以及对环境、公众的社会责任感，以大型建筑企业带动小型建筑承包商，打造可持续发展的建筑环境，从而推动绿色建造的发展、加速全球减碳进程。

2009 年 2 月，新加坡建设局推出《绿色与优雅建造计划》（The Green and Gracious Builder Scheme），这一计划作为衡量建造过程中各利益相关者对环境和公众的企业社会责任水平的基准，主要包括绿色环保措施标准和优雅措施标准两部分，其目的在于一方面协助建筑企业解决环保问题，鼓励建筑企业关注公众的需求、解决公众的问题，例如加强通信、考虑公众无障碍环境、减少施工噪声和振动等尽量减少对附近公众的干扰；另一方面鼓励建筑企业实行良好的人力管理措施，改善工人工作环境，从而提升建筑业的形象。同时为了全面覆盖各种建筑企业，新加坡政府还先后发布了针对不同体量承包商（大型建筑承包商、小型建筑承包商）的《绿色及优雅建造商计划 (SMC) 标准》（Green & Gracious Builder Scheme Criteria）。标准包含概要、企业政策、场地卫生和空气质量、进出场管理、公众安全、施工噪声和振动、沟通机制、人力资源管理、示范和创新实践 9 个部分，如表 3.5-3、图 3.5-4 所示，每一类标准均有其相应的评价内容和支撑实例。

绿色与优雅建造计划标准 表 3.5-3

标准内容	具体措施	最大可能分值
概要	提供采取优雅做法政策的声明	2
场地卫生和空气质量	鼓励现场管理的内部程序	3
	处理物料贮存过程及施工车辆产生的尘埃的措施	6
	处理堆积垃圾和收集垃圾的措施	4
	现场主动病媒控制措施	5
进出场管理	出入口干净通畅、标志良好的场地	3
	考虑场地周围的轮椅可达性	2
	减少交通堵塞的措施	4
	确保场地周围有足够和有效的标志来引导驾车者和行人	4
公众安全	设计充分且维护良好的围板和人行道	2
	从宽度和备用行人路两方面考虑人行道的设置	2
	在靠近道路的通道设置车辆障碍物	3
	对周边建筑物的综合评估和监测	2
施工噪声和振动	设定具体目标和指标以解决噪声和振动问题	4
	通过详细安排嘈杂的施工活动来尽量减少噪声干扰	1
	降低噪声和振动的操作程序	4
	噪声和振动性能等级	4
	使用替代工法或机器来解决噪声和振动问题	10
	在现场和场外安装噪声和振动监测仪	4
沟通机制	向邻近居民发送信件或备忘录以告知关键作业内容或主要建筑工程	3
	在公司海报和横幅上提供指定热线供公众拨打	2
	制定反馈案件处理指南和相关文件	2
	尽量减少附近居民安全担忧的措施和程序	4
人力资源管理	照顾现场作业人员的福利，包括改善设施和提高积极性	10
	确保施工人员的良好的生活条件，包括居住条件和交通条件	5
	现场人员管理，包括施工操作和行为规范管理	5
示范和创新实践	在解决环境问题、应对施工现场管理挑战、实现最优人力管理实践等方面对施工技术、程序和特殊施工方法的创新使用，以尽量减少公众的担忧	5

材料存储

内务管理计划

覆盖原材料以减少现场粉尘

洒水减少粉尘

防蚊教育信息板

干净、通畅的工地入口

临时坡道帮助行人

浇筑过程中专人引导交通

建筑工地设立标志示例

可变信息标志系统

有盖人行道保护行人

机械隔声材料的使用

可移动的隔声屏障

向邻近居民分发信息

标有热线号码的横幅

向工人介绍规范作业程序

改善工人生活条件

工地树木保护

图 3.5-4　绿色与优雅建造计划实例

3.6 经验借鉴

总体而言，发达国家的绿色建造发展过程经历了从萌芽、探索到成熟的演变。20世纪70年代开始在绿色环保领域的一系列政策与专项工作，自然也影响到了建设领域。到20世纪末，发达国家的建造活动逐步将可持续发展奉为根本理念，并通过相关立法、评价体系、组织形式、示范工程、支撑产业等确保实施。21世纪以来，在前期探索和实践的基础上，发达国家又在技术体系、产业链聚合、专业人才队伍和培养上对绿色建造开展了更多研究与试点，取得了一定成果。国外的这些成功经验将对我国绿色建造之路提供一定的启示，可以总结为以下几方面。

1. 建立健全绿色建造政策法规体系

从国外的典型案例不难看出，国家的立法、市场的监管、行业的推广对于绿色建造的前期发展起着至关重要的作用，通过法律强制、标准引导、评奖评优等方式，很多国家的绿色建造工作都产生了良好的开端。

绿色建造的发展成熟程度和政策法规、标准规范的制定完整性是相辅相成的。美国政府主要颁布的有《能源独立安全草案 2007》《国家节能规范》综合性绿色建筑评价标准《LEED 体系》等；英国颁布的相关法案法规主要有《可持续和安全建筑法案》《环境原则政策声明草案》《工业战略》《住房建筑管理规定》中的节能规定以及《BREEAM Communities 可持续社区评价体系》《2015 建筑（设计和管理）法规》等；德国颁布有《可再生能源法》《生物能源法规》《施工现场垃圾减量化及再生利用技术指南》等；新西兰颁布有住宅建筑环境评价体系规范《Homestar TM》《绿星建筑环境评价体系》等；新加坡颁布有《绿色与友好施工指南》等；日本颁布有《CASBEE 建筑物综合环境性能评价体系》《建筑废弃物再利用法》；澳大利亚颁布有《国家绿色建筑评价标准 NABERS》《国家温室气体盘查及能源审计申报法案 NGER》《绿色采购指导手册》《公共建筑节水指导手册》。作为国家层面绿色建造发展的顶层设计，绿色建造法规政策、评价指标在绿色建造发展过程中起着关键性的作用，使得绿色建造的相关工作可以循序渐进的开展，其中很多法规条例都十分严格。同时，健全的政策体系、强制性的法律法规、责权分明的管理模式和民众深入的绿色环保理念使得发达国家在发展绿色建造的过程中逐渐形成了良好的运转机制。

国外的绿色建造法制法规进程，也给我国绿色建造立法方面提供了思路：总体来说，首先要政府引领，明确绿色建造发展目标和绿色建造组织管理标准；其次要市场主导，来完善建筑市场监管体制机制；最后行业要推广绿色建造理念，推进建筑业供给侧结构性改革，推动企业对绿色建造技术体系的创新，从政府层面、市场层面、行业层面全层面覆盖绿色建造理念，引导民众思想变革，从而带动建筑行业的改革与发展。

2. 全面推进绿色建造示范工程应用

在绿色建造实践应用的过程中，许多国家以示范项目作为实践应用的开端，首先对一些政府项目或公共建筑类项目作为示范，将社会基础设施转变为建筑地标，以点带面，循序渐进，以典范项目加大对绿色建造理念的推广，再逐步扩大建筑类型，在全国各地全面布局绿色建造工作。

在应对全球气候环境挑战的过程中，明确碳中和约束目标与实施减碳战略成为世界各国的责任和义务，为了推行碳中和理念，践行减碳措施，很多国家建设了示范性项目，使得近年来减碳项目成爆发式增长。一些典型示范项目包括：2019 年建于丹麦哥本哈根的 CopenHill 能源工厂和城市休闲中心，垃圾焚烧发电厂和城市休闲中心结合在一起，体现了享乐可持续性的概念；2019 年建于瑞士的奥林匹克之家——国际奥委会总部项目，通过绿色建造创新设计，最大限度地减少了建筑物的环境影响；2018 年建于韩国首尔的 Kolon 集团研究及开发中心，利用泡沫甲板减少混凝土用量，采用绿色屋顶、参数化设计等可持续手段达到 LEED 金牌目标；2019 年建于德国的 Bauhofstrasse 酒店，使用木材补偿 CO_2 密集型材料混凝土的使用，并采用预制模块生产和现场安装的方式，实现建造过程碳中和的目标。政府部门和大型企业在绿色建造实践过程中作为领头人，利用公共基础项目或典型项目推广绿色建造项目和绿色建筑，这为我国的绿色建造发展提供了可借鉴思路。

总体来说，我国要发挥典型公共建筑项目的示范带动作用，分阶段、分步骤、分地区统筹推进绿色建造进程，政府性投资项目全部采用绿色建造方式，公共建筑要优先采用绿色建造方式，国有投资项目鼓励采用绿色建造方式。同时对于采用绿色建造方式的工程项目，政府可以出台相应的表彰或奖励措施，并建立相应的宣传平台，增加优秀项目的曝光度，进一步向企业和民众宣传绿色建造、低碳环保的理念，推动建筑业企业和全民采取减碳措施。

3. 持续加快绿色建造技术创新和管理

从发达国家的绿色建造发展历程来看，绿色建造的顺利和快速发展离不开科技发展。随着绿色建造技术的完备、工程机械的智能化和集成创新、团队管理能力和人才专业能力的提高，发达国家的绿色建造技术体系日渐成熟。经过多年实践，发达国家普遍实现了建筑的一体化设计、工厂化预制、装配化施工、信息化管理，并形成了相应的工业化建筑体系和与之配套的绿色建造材料及产品。

美国作为世界上最早实施配件化施工和机械化生产的国家之一，主要采用装配式方法建造城市住宅，以降低建设成本、增加施工可操作性；德国的绿色建造体系以装配式建筑和被动式建筑闻名于世界；新加坡从 20 世纪 80 年代开始将装配式建筑理念引入住宅，虽然现如今预制混凝土（Precast Concrete，PC）建筑已经基本普及，但新加坡并未止步于此，而是政府和企业合力推广模块化建筑（Prefabricated Prefinished Volumetric Construction，PPVC）技术，推动绿色建造产业升级。装配式技术的发展从一定层面上来说也极大地推动了建筑行业信息化的发展，装配式建筑本身的技术难点，很多情况下需要信息化技术才能够攻克。例如，若设计阶段不使用 BIM 技术对结构和管线冲突详细排查，一旦构件生产错误就将造成难以挽回的损失；若不能通过数字物流有效追踪每个预制构件的生产安装流程，那么难以进行装配式建筑的进度和质量管控。装配式建造技术的普及与建筑业信息化的发展相辅相成。

信息化技术在发达国家的绿色建造过程中也起着关键性作用，日本于 1989 年提出智能建造系统的概念，并于 1994 年启动了涵盖多项信息技术的先进建造国际合作研究项目。以 BIM 为代表的信息化技术已经在发达国家基本实现了从设计、施工到运维的全面应用。美国 IBM 公司也提出通过大数据计算和智慧云系统实现城市级别的全过程绿色建造。发达国家同样重视综合技术体系的应用。绿色建造技术的集成和创新，重点是对成熟、实用的技术与产品进行集成，重视绿色建造技术的创新以及使用后的效果，实现真正意义上的绿色建造。近年来，绿色建造技术创新已经超越了对技术本身的研究，而是结合生态学、社会学、地理信息系统等多学科，从主要关注新技术新工艺在建造中的应用和重点考虑建筑产品的功能、质量、成本，发展到更多地关注建筑与环境的融合、社会发展要求和经济的平衡以及提高建筑使用者的满意程度。

由于国情、国家发展阶段不同，我国的绿色建造之路不能完全照搬发达国家的绿色建造技术发展策略。结合国外成功经验和我国的建筑产业背景，我国装配化和信息化技术发展可以参照以下思路：首先要对传统建造技术中的绿色化改进点进行识别和发掘，其次要强化绿色建造技术和管理创新能力的建设，最后要加强绿色建造技术的集成与应用，注重设计和施工阶段的协同与精益建造的落实。总体而言，要不断加强绿色建造信息化、数字化、智慧化建设，促进企业、高校、行业、国家的科技进步。

第 4 章

发展趋势与建议

4.1 发展趋势

随着我国生态文明建设深入推进,坚持走生态优先、绿色发展之路,既是满足人民日益增长的优美生态环境需要的有效途径,也是立足新发展阶段、贯彻新发展理念、构建新发展格局的必然要求。传统建筑业"大量建设、大量消耗、大量排放"的粗放式发展和"劳动密集型、建造和组织方式相对落后"的产业现状已不能适应新时代高质量发展要求,秉承绿色发展理念的绿色建造已成为建筑业高质量发展中补齐短板和转型升级的内在需求。以人为本、环境保护、"30·60"双碳目标和资源节约等关键要素实施的全过程协同,以及工程策划、设计、施工、交付的全过程绿色化成为绿色建造发展的总体方向。具体而言,绿色建造主要呈现出"一体化、装配化、智能化、精益化、专业化、低碳化和以人为本"七个发展趋势。

4.1.1 建造模式一体化

一体化建造是指在房屋建造活动中,建立了以房屋建筑为最终产品的理念,明确了一体化建造的目标,运用系统化思维方法,优化并集成了从设计、采购、和施工等各环节的各种要素和需求,通过设计、生产、施工、高效管理和协同配合,实现了工程建设整体效率和效益最大化的建造过程。

1)建造模式一体化将有利于实现工程建设的高度组织化。建造模式一体化模式下,业主只需表明投资意图,完成项目的方案设计、功能策划等,之后的工作全部交由总承包完成。从设计阶段,总承包单位就开始介入,全面统筹设计、生产、采购和装配施工,有利于实现设计与构件生产和装配施工的深度交叉和融合,实现工程策划、设计、施工、交付全过程一体化管理,实现工程建设的高度组织化,有效保障工程项目的高效精益建造。

2)建造模式一体化将有利于缩短建造工期。在建造模式一体化模式下,对工程项目进行整体设计,在设计阶段制定生产、采购、施工方案,有利于各阶段合理交叉,缩短工期。还能够保证工厂制造和现场装配式技术的协调,以及构件产出与现场需求相吻合,缩短整体工期。

3）建造模式一体化将整合全产业链资源，发挥全产业链优势，提升管理的效率和效益。传统建造方式突出问题之一就是设计、生产、施工脱节，产业链不完善，而建造过程一体化模式整合了全产业链上的资源，利用信息技术实现了工程策划、设计、施工、交付全过程一体化的全产业链闭合，发挥了最大效率和效益。

4.1.2 建造方式装配化

建造装配化就是把通过工业化方法在工厂制造的工业产品（构件、配件、部件），在工程现场通过机械化、信息化等工程技术手段，按不同要求进行组合和安装，建成特定建筑产品的一种建造方式。

1）建造装配化是经济发展阶段所决定的。新时期我国经济发展进入"新常态"，中央提出了新型工业化、信息化、城镇化、农业现代化和绿色化发展要求，作为建筑业也必须寻求新的发展方式，转变生产模式。建筑装配化体现了新型工业化、信息化和绿色化要求，是我国经济发展的内在需求。

2）建造装配化是新型城镇化发展和建筑业转型的需求。预计到2030年，我国城镇化率将达到70%左右，能转移农村人口3.9亿。这种大规模的人口转移，需要巨量的建设规模支撑。建造装配化，对点大面广的居住性住宅，尤为适用，是新型城镇化建设的需要。我国建筑业仍是一个劳动密集型的传统产业，面对新形势，建筑产业从传统产业向现代化产业转型升级为工厂化生产、装配化施工，以提高工程建设的绿色化水平，是建筑产业实现现代化的重要手段，是实现社会化大生产的重要途径。

3）建造装配化将是突破建筑业人力资源短缺的有效方法。施工现场的传统作业方式，手工操作比重大，劳动强度高，作业条件差是其主要特征。越来越多的年轻人不愿意从事建筑业劳动，建筑业面临劳务紧缺的危机。建造装配化可使构配件实现工厂化生产，可最大限度减少现场工作量，施工现场作业可机械化操作、信息化控制；能有效提升工程建设效率，根本上改变了传统的作业方式，是建筑业寻求突破的有效方法。

4.1.3 建造手段智能化

建造手段将更加注重结合实际需求应用BIM、物联网、大数据、云计算、移动通信、区块链、人工智能、机器人等相关技术，提升建造智能化水平。

1）智能化技术将成为绿色建造实施的重要抓手。随着智能技术与建造手段的融合，一是将推进数字化设计体系建设，统筹建筑结构、机电设备、部品部件、装配施工、装饰装修，实现一体化设计；同时推进应用自主可控的 BIM 技术，构建数字设计基础平台和集成系统加速实现设计、工艺、制造的协同，设计数字化体系将对项目策划、设计、生产、施工等建造全过程的绿色化起到很好的支撑作用。二是随着数字化技术、系统集成技术、智能化装备以及人机智能交互、智能物流管理、增材制造等技术的应用推广，将推进如钢筋制作安装、模具安拆、混凝土浇筑、钢构件下料焊接、隔墙板和集成厨卫加工等工厂生产关键工艺环节的流程数字化和建筑机器人应用，实现少人甚至无人工厂；同时以企业资源计划（ERP）平台为基础，将推动向生产管理子系统的延伸，实现工厂生产的信息化管理。在材料配送、钢筋加工、喷涂、铺贴地砖、安装隔墙板、高空焊接等现场施工环节，建筑机器人和智能控制造楼机等一体化施工设备将得到更多的应用。信息化技术还将进一步开放拓展智能建造及建筑装配化应用场景，有望大幅减轻施工劳动强度、改善作业条件，有效解决传统建造过程中生产方式粗放、劳动效率不高、能源资源消耗较大、科技创新能力不足等问题。

2）建筑机器人将成为促进建筑业提质增效的重要手段。加大建筑机器人研发应用，有效替代人工，进行安全、高效、精确的建筑部品部件生产和施工作业，已经成为全球建筑业的关注热点。未来建筑机器人应用前景广阔、市场巨大。目前，我国在通用施工机械和架桥机、造楼机等智能化施工装备研发应用方面取得了显著进展，但在构配件生产、现场施工等方面，建筑机器人应用尚处于起步阶段，还没有实现大规模应用。因此探索具备人机协调、自然交互、自主学习功能建筑机器人的批量应用，以工厂生产和施工现场关键环节为重点，加强建筑机器人应用将为成为建造手段智能化的重点发展方向。

3）建筑产业互联网平台将有力推进建筑业数字化转型。建筑产业互联网是新一代信息技术与建筑业深度融合形成的关键基础设施，是促进建筑业数字化、智能化升级的关键支撑，是打通建筑业上下游产业链、实现协同发展的重要依托，也是推动智能建造与建筑装配化协同发展的重中之重。因此，在绿色建造推进过程中，也将加速建筑产业互联网平台构建，推进工业互联网平台在建筑领域的融合应用，以及面向建筑领域的相关应用程序开发。

4）传统工地将逐步升级为智慧化工地。在信息化技术的推动下，智慧工地将逐步取代传统粗放的建造工地，传感技术、通信技术、人工智能、虚拟现实等信息化技术将被植入到结构构件、机械设备、进出关口等对象中，形成"物联网"，再与"互联网"融合互动，实现人与工程、人与设备、设备与工程的有机结合。实现建筑工地对施工现场人、机、料、法、环的全方位实施监控，有效弥补传统监管中的缺陷，还将实现现场即时沟通协调、现场质量安全实时检查等高效施工手段。

4.1.4 建造管理精益化

建造组织管理方式将由传统的施工总承包向工程总承包、全过程工程咨询等全寿命期的精益化管理模式转变，更注重设计、生产、施工深度协同，更强调管理范围向前延伸至工程立项策划，视野向后拓展到工程运维。

工程总承包和全过程工程咨询等全寿命期的精益化管理模式将得到推广。2017年2月国务院办公厅印发了《关于促进建筑业持续健康发展的意见》，明确提出加快推行工程总承包，培育全过程工程咨询。一是加快完善工程总承包相关的招标投标、施工许可、竣工验收等制度规定。按照总承包负总责的原则，落实工程总承包单位在工程质量安全、进度控制、成本管理等方面的责任。二是鼓励投资咨询、勘察、设计、监理、招标代理、造价等企业采取联合经营、并购重组等方式发展全过程工程咨询，培育一批具有国际水平的全过程工程咨询企业。在民用建筑项目中，充分发挥建筑师的主导作用，鼓励提供全过程工程咨询服务。工程总承包、全过程工程咨询等全寿命期的精益化管理模式的推进有助于明确绿色建造的责任主体，形成基于绿色建造的绿色设计与绿色施工协同推进模式，将绿色建造理念更好地融入基于建筑全寿命期的策划、设计、施工过程中；如工程总承包模式能打通项目策划、设计、采购、生产、装配和运输全产业链条，建立技术协同标准和管理平台，可更好地从资源配置上形成工程总承包统筹引领、各专业公司配合协同的完整绿色产业链，有效发挥社会大生产中市场各方主体的作用，并带动社会相关产业和行业的发展，有力提升绿色建造的绿色化水平；全过程工程咨询可打通项目规划、勘察、设计、监理、施工各个相对分割的建设环节，对项目全过程整体统筹、统一管理和负责，综合考虑项目质量、安全、节约、环保、经济、工期等目标，在节约投资成本的同时缩短项目工期，提高服务质量和环保品质，激发承包商的主动性、积极性和创造性，促进新技术、新工艺和新方法的应用以及工业化与信息化的融合，提升投资决策综合性工程咨询水平。通过工程总承包、全过程工程咨询等管理模式的推广，有效整合各方要素，充分发挥各方资源的积极效应，对建设项目全过程进行系统兼顾、整体优化，即提高工作效率，更有利于实现工程项目环境、经济和社会综合效益最大化。因此，精益化管理是工程建设提高效率与效益，实施绿色建造的必然趋势。

4.1.5 建造过程专业化

由于建筑行业受计划经济影响时间较长、影响程度较深，既属行政干预较大的行业，又属竞争进入障碍较低的行业，加上分属各部门和各地方管理，施工生产分散，市场集中程度较低。建造过程专业化是现代建筑产业体系建设程度和水平的重要体现，也是能否将建筑产业纳入到社会化大生产范畴的重要标志。

1）建造过程专业化将实现产品对象的专业化生产。由于建筑产品因用途与功能不同而带来施工工艺上的差别，尤其是精、难、高、尖的建筑产品具有极强的专业性，建造过程专业化可以发挥其在管理、技术和装备上的优势，形成完整、高质量的建筑产品。

2）建造过程专业化将实现施工工艺专业化和构配件生产专业化的升级。建造过程施工工艺专业化将把建筑施工过程中某些专业技术，由传统的小而散的生产模式转变为某一种专门从事这项工作的建筑业企业承担。由于这些工作专业性强，需要的施工机械设备多，实行专业化往往带来巨大的边界效益。建造过程构配件生产专业化将可以向现代化工地提供大型的经过加工或组装的建筑构件、配件，以便组织建筑工业化的施工。

3）信息化与工业化的协同将会提高专业化效率。智能建造与建造专业化协同发展，将有助于形成涵盖科研、设计、生产加工、施工装配、运营维护等全产业链融合一体的智能建造产业体系，同时其科技含量高、产业关联度大、带动能力强的特点不仅会推进工程建造技术的变革创新，还将从产品形态、商业模式、生产方式、管理模式和监管方式等方面重塑建筑业。未来发展中，大数据、5G、BIM、XR、RFID、机器人仿真等信息技术将在装配式构件生产、运输、安装，智慧工地、机器人现场施工等方面发挥更大作用，最终实现"像造汽车一样造房子"，这一过程也将催生出更多新产业、新业态、新模式，为跨领域、全方位、多层次的产业深度融合提供更多应用场景和平台，提升建造过程产业化效率。

4.1.6 建造活动低碳化

基于建筑业资源能源消耗大、污染排放高的现状，建筑活动将更强调有效降低建造全过程对资源的消耗和对生态环境的影响，同时减少碳排放，最终实现生产方式和生活方式的低碳化。

1）绿色策划、低碳设计将由点向面、由分散向集约、由建筑单体向区域规划和城市集成规划转变。如在建筑项目决策阶段的设计策划中，就将由原先针对单个设备或设备之间的节能减排低碳设计理念向建筑整体建造运营全过程降耗减排理念转变。具体在设计层面，将由原先各专业分散设计向集中设计转变。在策划层面，低碳型策划将贯穿整个项目生命周期，包含方案规划设计，施工图设计，施工建造过程，绿色运维过程和拆除等。在项目初期就明确建筑活动低碳化目标，统筹整个建造和建筑运行过程的环境保护、资源节约和减碳等低碳化实施方案；而在宏观层面，建筑活动低碳化将由单体建筑策划向区域规划甚至城市绿色规划转变。在超低能耗、近零能耗建筑成为未来新建建筑主流的同时，结合城市更新也将带动大体量既有建筑的加固延寿和节能改造，"既做精增量，又做优存量"，整体推动区域和城市的低碳转型。

2）绿色低碳建材将成为推进低碳建造的物质基础。建筑材料作为建造全过程中与环境、能源和资源密切相关的一环，对建造活动低碳化至关重要。技术层面上，推动利用地域性资源节约型（固废循环、就地取材）、环保型（无毒害、无污染）、节能型（热工性能优秀的围护结构）、功能型（光催化、除菌消毒）绿色低碳建材的研发以及提高建筑材料寿命与建筑产品寿命的匹配度、采用低能耗和零污染的建材生产工艺，完善建材评价标准和产品认证体系等将成为绿色低碳建材重点强化的发展方向。在宏观政策指引下，对人居条件、环境保护、资源节约和减碳目标的需求也将推动建材产业转型升级，使建材体系得到更新。

3）绿色低碳施工技术及管理措施将更加完善。低碳建造的实施需要构建完善绿色施工体系和市场配套产业，切实解决低碳施工技术推广应用的障碍。首先技术层面上，低碳绿色施工传统的"四节一环保"措施将被赋予新的绿色化目标，包括节地与城市更新、节能与可再生能源利用、节材与绿色建材应用、节水与海绵城市以及环保与碳减排等将成为绿色施工技术创新和新体系构建的重要方向；此外行业层面，低碳绿色施工生产体系和生产要素市场体系也将逐步完善，配合绿色施工新技术的专业化产品和材料、设备服务和加工企业等相关产业也将逐步形成市场规模，为新要求下的绿色施工提供必要的生产要素市场和条件。

4.1.7 建造理念以人为本

1）提升工作成就和幸福感，以"建造人"为本。实现"建造人"以人为本，应改善"建造人"的工作条件，保障其职业健康，并通过装配式建筑、信息化技术和科技创新，减轻劳动强度。进一步提升"建造人"的工资水平，逐步完善其社会保障体系，保障其合法权益。

2）提升建造品质，以"使用人"为本。建筑从一开始就是为"使用人"服务的，高品质绿色建筑不但要注重使用功能，更需要关注对人的影响，满足人的需求。以"使用人"为本，需在提升建造品质和改善人居环境方面做出巨大提升。具体而言，应提高绿色建筑安全耐久性，在资源有效利用前提下保证工程质量，并对"使用人"采取必要的安全防护措施。使用绿色建材和智能系统的"智慧"，降低全寿命期内对天然资源消耗和减轻对环境影响。

3）保护"相关人"的当前权益和长期权益，以"相关人"为本。以"相关人"为本，将通过建造前的决策、建造中的实施及建成后的运维三个阶段切实保证"相关人"的实际权益。针对当前权益，通过各项施工技术措施，控制建筑施工过程产生的废水、噪声、光污染、建筑垃圾、扬尘等污染问题。针对长期权益，将努力提高城市规划水平，改善公共交通现状，改善公共绿色空间环境，提升人性化公共服务水平。

4.2 发展建议

绿色建造的发展必须统筹兼顾、整体施策、多措并举，通过科学管理和技术进步从全方位、全行业、全过程角度做好顶层设计，明确开展绿色建造的总体要求，体现政府引导和市场主导作用，既要从"提高认识、强化激励、建章立制、系统推进、技术先行、管理保证"等方面系统推动，也要从宏观政策体系到工程项目建设过程的微观运作等层面持续推进。为此，从工程体制、标准规范、精益建造、智能建造及科技创新五个方面提出绿色建造发展建议如下。

4.2.1 加速推进工程体制转变

1）推广工程总承包方式。引导骨干企业提高项目管理、技术创新和资源配置能力，培育具有综合管理能力的工程总承包企业，落实工程总承包单位的主体责任，保障工程总承包单位的合法权益。发挥责任主体单一的优势，明晰责任，由工程总承包企业对项目整体目标全面负责，发挥技术和管理优势，打通项目规划、设计、采购、生产、装配和运输全产业链条，在每个分项、每个阶段、每个流程上统筹考虑项目的绿色建造要求，避免各自为战、互不协同，同时实现设计、采购、施工等各阶段工作的深度融合和资源的高效配置，实现工程建设高度组织化，提高工程建设水平。积极打造由工程总承包统筹引领、各专业公司配合协同的完整绿色产业链，有效发挥社会大生产中市场各方主体的作用。

2）培育全过程工程咨询。大力发展以市场需求为导向、满足委托方多样化需求的全过程工程咨询服务，培育具备勘察、设计、监理、招标代理、造价等业务能力的全过程工程咨询企业。改变工程咨询碎片化状况，对工程建设项目前期研究和决策以及工程项目实施和运营的全寿命期提供包含设计在内的涉及组织、管理、经济、技术和环保等各有关方面的工程咨询服务，打破不同建设环节的管理分割和不同工程类别的行政分割，对项目建设、投资、运行全过程的质量、安全、环保和效益等统一管理和负责。通过全过程整体统筹，降低建设单位主体责任风险，激发承包商的主动性、积极性和创造性，促进新技术、新工艺和新方法的应用以及工业化与信息化的融合，在节约投资成本的同时缩短项目工期，提高服务质量和环保品质。

3）适时探索建筑师负责制。国家发展改革委员会和住房城乡建设部发布《关于推进全过程工程咨询服务发展的指导意见》（发改投资规〔2019〕515号）就在房屋建筑和市政基础设施领域推进全过程工程咨询服务发展提出相关意见的同时，表明房屋建筑项目如果由设计院牵头可以实行建筑师负责制。在工程建设中，探索从设计总包开始，由建筑师统筹协调建筑、结构、机电、环境、景观等各专业设计，包括参与规划、提出策划、完成设计、监管施工、指导运维、延续更新、辅助拆除等多个方面，在此基础上延伸建筑师服务范围，按照权责一致的原则，鼓励建筑师依据合同约定提供项目策划、技术顾问咨询、施工指导监督和后期跟踪等服务。让建筑师担当起对工程质量、进度、环保、投资控制、建筑品质总负责的责任，最终将符合建设单位要求的建筑作品和工程完整地交付建设单位。建筑师负责制可提高监督管理的效率和质量，同时让建筑师群体成为简化审批后承担社会监督责任的中坚力量。

4.2.2 建立绿色建造标准体系

1）建立建造全过程标准体系。工程建设标准水平的高低直接影响绿色建造的品质，绿色建造的创新也需要标准的及时配套，高水平的标准是实现工程与产品以人为本、保护环境、节约资源和减排降碳的保障。标准提升要贯彻生态优先、绿色发展理念，建立健全绿色建造标准体系，加快制修订现有标准在节能降碳、资源利用等与建造活动绿色化有关的关键技术标准，提升环保刚性约束，着力推动绿色建造标准应用实施，确保建造绿色概念与绿色效果的一致；现行绿色建造的相关标准、规范涉及的环节和学科多，在一定程度上导致绿色设计、绿色施工、绿色建造等标准和规范独立发展、各自为政，缺乏从设计、加工、施工到运营等整体绿色角度的标准和规范，不利于绿色建造的整体推广，因此需要建立相应的综合性标准体系支撑绿色建造，推动绿色策划、绿色设计、建设建材、绿色施工的标准、规范的整合与提升。

2）提升标准适应性。结合建筑业、各地方自身特点，着力提高绿色建造相关标准的适用性和有效性，突出以人为本、资源节约与循环利用、环境保护、双碳目标等与绿色发展理念直接相关的标准化项目，防止泛化，按照轻重缓急有序推进。增强能源资源节约、生态环境保护和长远发展意识，更加注重标准先进性和前瞻性，适度提高安全、质量、性能、健康、节能降碳等强制性指标要求，逐步提高标准水平，鼓励地方采用国家和行业更高水平的推荐性标准，在本地区强制执行。推荐性地方标准重点制定具有地域特点的标准，突出资源禀赋和民俗习惯，促进特色经济发展、生态资源保护、文化和自然遗产传承。

3）加强中外标准衔接。积极开展中外标准对比研究，绿色建造技术指标要全面提升至国际领先水平，促进我国工程建设水平整体稳步提升。技术表达方式要全面适应国际化需求，在内容要素、指标构成等方面，提高与国际标准的一致性。要借鉴国外先进技术，跟踪国际标准发展变化，结合国情和经济技术可行性，缩小中国标准与国外先进标准技术差距，加强与国际有关标准化组织交流合作，承担国际标准和区域标准的编制，推动我国优势、特色技术标准成为国际标准，推动绿色建造"走出去"，体现"中国建造"。

4.2.3 实施精益建造提升管理品质

1）转变建造理念。首先要让建造者观念上有所转变。传统建造以利润最大化为目标；而精益建造则以顾客的最大化价值为项目的最大目标，同时消除浪费使得利润相对最大化。建造者要从整个大的建造体系出发，采用整体的方法达到最终目标。

2）改革项目组织关系。在项目实施过程中，业主作为投资方，一般希望项目实施各阶段都受本方控制，而施工建造单位为了本方对项目各方资源的合理配置，一般不能满足这个要求。同时项目具有不确定性，故在实行精益建造时，业主和施工方要建立良好的合作关系，用双赢的思想来获得共同利益。合作是建立在信任基础上的，而精益建造是建立在可靠基础上的，从某种意义上来讲，两者是相通的。

3）加快管理信息系统建设。精益建造建立在量化、流程化的基础上，在基层从业人员素质不高情况下，要加快企业管理信息系统、项目管理信息系统的建设和优化，固化流程、提高效率。

4.2.4 大力推进智能建造

1）智能建造应做好顶层设计。推进智能建造应做好顶层设计，整体规划，分步实施。一是研发具有自主知识产权的三维图形系统；二是研发BIM；三是构建基于BIM的建造信息化模型（EIM）管控平台；四是研制人工智能设施，如智能监测设施、功能各异的机器人设施等。城市建设信息管控平台（CIM）应在城市规划的基础上，集成区域内的建筑、市政、铁路、公路、桥梁、水利等各类工程的 EIM 管控平台信息。通过 EIM 管控平台信息合成、累积和过滤而形成。即智能建造是复杂的系统工程，应以行业"提质增效"为导向，整体规划，分步实施，秉承"不求一次成优，但求取得实效"的持续改进思路，为切实提高行业发展质量做出贡献。

2）创新开发思路，创建我国具有自主知识产权的图形系统。现行 BIM 三维图形输入的参数化设计方法，与我国技术人员熟悉的输入方法不相吻合，普及性差。应该凝聚优势资源，创新开发思路，在我国技术人员熟悉的平面设计方法的基础上开发系统的内设转换软件，自动生成三维空间图形，进行真实感表现，攻克"卡脖子"的三维图形系统的技术难关，研究形成我国具有自主知识产权的三维图形引擎、平台和符合中国建造需求的 BIM 系统。

3）加速研制和推广应用大数据、人工智能设施。加速研制如智能监测设施、功能各异的机器人设施等，特别应围绕工程建造的点多、面广、量大和劳动强度高、作业条件差的工艺工序，构建 EIM 管控平台与工艺技术联动联控的机器人作业环境，进行机器人研制。

4.2.5 提高建造科技创新

1）发展新型建造方式。在新材料、新装备、新技术的有力支撑下，工程建造正以品质和效率为中心，向绿色化、工业化和智慧化程度更高的"新型建造方式"发展。新型建造方式其落脚点体现在绿色建造、智慧建造和建筑工业化，将推动全过程、全要素、全参与方的"三全升级"，促进新设计、新建造、新运维的"三新驱动"。

2）深化创新机制体制改革。一是不断探索企业组织管理模式改革，建立完善企业标准管理、员工观念培养、监督机制"三位一体"的管理模式，推动精细化转型。二是不断探索工程建造方式变革，促进标准化设计、工业化建造和信息化管理，全面提高建设效率和工程品质。三是以新型建造方式为重点，不断探索建造技术革新，增强核心技术储备，提高工程科技含量和企业竞争力。

3）强化"资本＋技术＋市场"产业要素的有机融合。为此在资本支撑上，要强化利益驱动和风险合理分担，在技术路径上，要做到理论研究、跨界融合、技术集成、示范应用、效率优先，在市场模式上，要与国际惯例密切结合，与项目特点相互对应。

第 5 章

工程案例

5.1 西安幸福林带项目

5.1.1 工程概况

幸福林带源于 20 世纪 50 年代，其主要功能是作为工业区与住宅区之间的防护隔离带，此后在西安市三次总体规划编修中，幸福林带一直予以保留。

幸福林带北起华清路，南至西影路，东起幸福路，西至万寿路，长 5.85km，平均宽度 200m，项目于 2017 年进入建设阶段，总投资达 194 亿元，建设内容包括综合管廊、地铁工程、市政道路、景观绿化、地下空间五大业态，致力于成为城市地下空间开发集约利用的典范。

地下空间总面积 72.4 万 m^2，为地下 2 层结构，地下 1 层为公共服务配套及商业，地下 2 层为停车场，共计 7282 个车位。综合管廊总长约 $12km^2$，包括沿幸福路、万寿路设置的综合管廊和东西向连接廊。地铁工程是西安地铁 8 号线的一部分，林带范围包含 4 站 5 区间，与 1 号线、6 号线、7 号线交叉换乘。市政道路总长约为 13km，为城市二级快速路。林带景观绿化 74 万 m^2，打造动之谷、森之谷、乐之谷三大特色主题分区。

项目制定了明确的建设目标，包括严守 4 年建设期要求，保证项目按期回款；地下空间业态全段绿建二星，图书馆文化馆区域绿建三星；争创鲁班奖、中国建筑科技进步奖、陕西省科技进步奖等奖项（图 5.1.1–1）。

5.1.2 管理体制

西安幸福林带项目，充分发挥中建集团"咨询、投资、设计、施工、运营"全产业链优势，创造"五位一体"的西安模式，组织中建系统内设计、施工、运营及物资供应等 22 家单位参与林带项目建设，保证项目完美落地，优质履约。

设计方面，首先明确项目绿色建造总体设计目标；其次制定完善的绿建咨询服务计划；再次通过编制《绿色建筑预评估报告》，确定项目采用的技术措施和实现策略，明确各专业的设计要点和技术难点；最后组织召开专家论证会，就绿建设计要点咨询

图 5.1.1-1　幸福林带建设断面效果图

各方意见确定最终方案，据此开展实施。同时，基于幸福林带项目，编制发布《绿色生态地下空间开发利用评价标准》；完成《基于西安幸福林带项目绿色建造关键技术研究与应用》课题研究，总结并推广城市绿廊地下空间低碳型开发利用关键技术系列研究成果。

　　施工方面，致力于绿色施工技术的全面应用，在扬尘控制、噪声控制、地下水资源保护与利用、改善作业条件等方面使用绿色施工先进技术，节约资源、保护环境。

　　运营方面，采用"联合体运营公司"+"整体租赁"模式，即中建方与专业商业运营机构合资成立联合体运营公司共同运营，经面向全国公开征集择优遴选出综合实力较强的上海月星集团作为商业运营合作单位，成立联合体运营公司——"西安幸福港商业运营管理有限公司"实施运营。建设基于能耗、安防、应急、资产、服务于一体的智慧运营管理平台，提升运营管理水平，降低运营成本，探索城区智慧运营新领域。西安幸福林带首开段已于 2021 年 7 月 1 日对外开放运营，运营情况良好。

5.1.3 创新理念

1. 创新设计理念，增添城市绿色公共空间

　　幸福林带项目植入科技、绿色、智慧理念，通过屋顶绿化、垂直绿化等方式为城市公共空间大幅增绿。幸福林带项目为西安市增添 1134 亩城市绿地。项目全段采用屋顶绿化形式，在地下空间顶板上方预留不低于 2m 厚度的覆土进行绿化种植，将建

筑物变为可生长、可呼吸的生态建筑。在下沉广场、雨滴设计处采用垂直绿化，将阳光、空气、绿色引入地下，打造地上地下双氧吧。

2. 创新运营模式，探索地下空间综合利用

幸福林带项目对城市地下空间综合利用进行了有益探索。地下空间开发可以有效解决城市交通拥挤的现象，缓解土地资源紧张的困境。

项目通过创新理念，将林带地下空间用于城市公共服务配套建设。项目南段建设有文化馆、图书馆，北段建设有冰球馆、篮球馆等多个大型体育场馆，在不单独占用土地资源的基础上丰富了市民文化体育生活，落实国家文化强国、体育强国的远景目标。

3. 创新实施路径，推进全产业链协同发展

幸福林带项目由中国建筑股份有限公司与西安市政府以 PPP 模式共同投资建设，由幸福林带 SPV 公司全面负责项目全寿命期运作。通过对项目各环节统筹协调，解决了以往基础设施投资过度依赖政府财政资金，设计、建造、运营各环节各自为政的弊端，实现全寿命期高性价比的城市更新。在设计方面，以绿色建筑理念为重点打造碳中和的新型城区；在施工方面，以新技术研发应用为重点助力项目完美履约；在运营方面，以信息化平台为重点实现高效运营，为后续大体量城市更新项目提供了全产业链协同推进经验。

4. 创新技术方法，实现国家"双碳"目标

幸福林带项目通过创新技术，极大降低建筑物运营期碳排放。幸福林带智慧运营平台通过智慧能源管理实现 11 个空调区段分区自动控温，结合智能照明、楼宇管理等多系统，项目范围内每月每平方米约节省 43 度电，按照国家发展改革委员会发布的西北地区电网碳排放因子 $0.997kg\ CO_2$ 计算，每年 CO_2 减排共 3.03 万 t，节约成本超 1000 万元。

5. 创新项目管理，助力项目完美履约

建立总承包统一管理组织机构，做好各领域、各专业分工和协同，根据项目的特点，按照工作内容、工程量等条件再划分成不同的标段或工区，在各标段或工区内成立施工项目部，配置满足工程建设需要的管理人员，达到分领域、分专业、分层级管理。编制涵盖项目规划可研、前期报建、边界协调、勘察设计、工程施工及验收、合约采购、

招商运营、财务投融资等内容项目建设总体计划，按照年、月、周分解计划，确保计划执行到位。

边界协调管控方面：重点关注前期规划及报批报建，征地拆迁工作，管线迁改工作。安全、环境管控方面：职责明确，分级管控，采用科技环保的技术手段，严抓落实，科学监督。质量管控方面：分级建立质量保证体系，明确各单位各级别的质量管理职责，推进四新技术的应用，组织质量管理活动，提高建设人员的质量管理意识。成本管控方面：细化施工管理流程，提升建设成本控制，对项目建设投资进行精细管理，避免因管理疏漏导致的成本超出概算。

5.1.4 工程亮点

1. 海绵城市

幸福林带项目强调优先利用植草沟、雨水花园、下沉式绿地、透水铺装等"绿色"措施实施有组织排水、蓄水、渗水、净水，需要时将蓄存的水"释放"并加以利用，减少城市洪涝灾害的发生（图 5.1.4-1 ~ 图 5.1.4-3）。

图 5.1.4-1 下凹式绿地

图 5.1.4-2 雨水花园

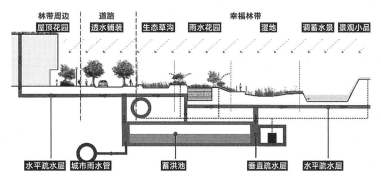
图 5.1.4-3 雨水回收系统

2. 多种建设业态集成，土地利用率最大化

幸福林带项目在规划设计时，充分考虑所处区域现状，结合"西安市老旧城区""周边军工厂、居民小区分布广泛""各类市政管线布置集中、种类繁杂""道路建设相对滞后"等特性，规划五大业态，满足城市未来发展需求，使土地利用率最大化。

3. 可持续发展的景观营造

幸福林带项目景观设计坚持以"林"为主的生态优先、可持续发展原则，全线绿化覆盖率达85%，是改善城东环境的生态屏障和天然氧吧。林带地上景观与地下空间、综合管廊、市政道路、地铁配套有机结合，构建优美生态宜居环境，打造多元开放绿色空间，促进人与自然和谐共生。

景观结构设计为"一带、一路、两核心节点、两门户空间、三景观主题区"。"一带"是指140m宽，约6000m长的绿荫林带。"一路"是指串联各个功能区及景观节点的主园路。"两核心节点"是指长乐路、咸宁路两个重要交通商业核心节点。"两门户空间"是指林带南北两端的门户形象空间。"三景观主题区"是指森之谷、乐之谷、动之谷三大特色主题区。

4. 绿色节能

自然通风：林带项目对建筑布局优化设计，将地裂缝范围规划为下沉广场，规避设计难点的同时创造城市自然通风带。并与地下空间新风系统有机结合，正常天气自然通风，恶劣天气采用新风空调结合除PM2.5净化系统解决室内通风问题。

屋顶绿化：园林景观是本项目的一大特色，地面下为商业及轨道交通，地面上为人员可到达的景观公园，全区域采用屋顶绿化，将建筑变成可生长、可呼吸的有机体，有效降低热岛强度、提高空气质量。

被动式采光：幸福林带项目全段设有243处导光管，通过采光罩高效采集室外自然光线并滤除90%以上紫外线，导入系统内重新分配，再经过特殊制作的导光管传输后由底部的漫射装置把自然光均匀高效地照射到需要光线的地方（图5.1.4-4）。

太阳能利用：室外路灯照明、夜间亮化工程广泛采用光电系统，生活热水采用太阳能热水系统。

冰蓄冷技术：市民活动中心、图书阅览采用冰蓄冷冷源形式，利用峰谷电价差可有效降低空调系统的运行成本。

地源热泵技术：林带地下空间2万 m^2 范围采用浅层地源热泵技术。

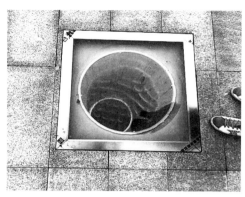

图 5.1.4-4 导光系统

5.1.5 全寿命期 BIM 应用技术

设计阶段，通过 BIM 模型完成了地下空间、综合管廊、地铁车站及区间主体结构和市政道路工程实体的等比例模拟，辅助完成空间尺度分析、楼层净高分析、柱跨间距分析及不同业态之间边界条件一致性分析等，为确定设计标准提供技术支撑，辅助方案定案。施工阶段，以 EBIM 云平台为载体，搭建幸福林带数字化施工管理平台。为施工进度管理、施工部署、专项施工方案编制和设备机房装配式施工等提供技术支持。运维阶段，以 EBIM 云平台为载体，结合幸福林带各业态运营管理的需求，搭建幸福林带智慧化运维管理平台。

5.1.6 智慧运营管理平台

林带智慧运营管理平台以"数字孪生可信可管、智能服务无缝覆盖、知识发现智慧运营"为设计理念，面向不同用户群体拓展运维管控的服务能力，立足平台思维挖掘数据资产的潜在价值，构建数字化和智能化的平台业务系统，实现智能设备管理、物业管理、商业管理、环境能源管理、公共安全管理。

5.1.7 实施成效

1.加快区域经济发展，开启城东居民"幸福模式"

幸福林带是幸福路地区城市更新的主轴，在拥有 60 年军工历史的老城区，依托幸福林带的建设推动周边地区老城区改造、产业重新融合，达到"老城换新颜"的城市更新目的，带动整个片区的经济发展，提高人民生活水平，使西安市城东地区逐步成为未来城市发展特色新区（图5.1.7-1）。

图 5.1.7-1　幸福林带建设前后对比

2. 建设"森林城市"，改善城市生态现状

幸福林带是西安市绿化景观构架的重要组成部分，林带的恢复和打造为建成西安市完备的森林生态体系，更好地实现创建国家森林城市的目标奠定基础，助力千年古都早日实现"八水绕长安、绿林映古城"。

3. 建设"城市风道"，促进宜居城市建设

幸福林带利用城区地裂带自然分布格局构建城市风道，通过地上绿廊构建城市风道，形成"风道+景区"的建设模式，把城市无形系统中的风和有形系统中的景区结合起来，既为城市风道体系建设寻找到有效突破口，也可以促进宜居城市建设。

4. 幸福林带的成功经验，助力城市更新建设

幸福路核心区以幸福林带项目为中心，占地约 11.2km^2，范围内包含 8 家大型工业企业、43 家中小型企业、20 个军工福利区、14 个城中村，预计 5 年内可腾迁土地10600 余亩。

以幸福林带项目为依托，充分发挥中国建筑全产业链优势，加强林带周边项目开发。通过代建幸福路地区安置房项目、区域市政基础设施、工业遗存保护开发、片区综合开发、城市综合运营等途径全面推进幸福路区域城市更新。

5.1.8 经验及建议

西安幸福林带是国内少有的如此大规模的地下空间建筑进行高星级绿色建筑评价

的项目，规模体量、区域跨度、各相关单位配合的难度都是前所未有的，但越是宏大的工程就越能体现各参与方的专业水平。从工程管理经验方面，总结以下几点：

1）重点抓好限额设计，把住设计龙头，全方位设计融合，密切关注业主需求变化，将商务测算和方案设计紧密联系，创造项目利益最大化。

2）落实好支撑项目建设所需资源的储备，包括优秀的管理人才团队资源、优秀的设计单位资源、优秀的材料设备供应商资源、优秀的重点专业分包资源等。

3）项目管理突出以项目整体利益最大化为中心，坚持绿色、共享理念，发挥文化、科技、管理方面的引领，做好临设、运输、材料、信息服务，积极在责任、权利、利益、时间、空间方面做好协调，做好安全、质量、进度、价值、环保、和谐六面监督。

4）重点关注在设计质量和总包责任方面的风险，做好风险防范。

幸福林带项目从最初概念设计到方案设计，再从初步设计到正式的施工图设计直到施工完成，自始至终都贯穿了绿色建筑理念。因为项目本身是地下空间项目，且存在大量的保留绿岛，在项目的最初绿色建筑策划时，关于利用地道风降温技术也给出过具体的方案，但最终未能继续实施，有些遗憾。另外该项目所在区域属于地热较丰富区域，只进行了浅层地热的应用且范围有限，关于中深层地热的利用也未能实现。不过本项目在降低热岛效应、生态恢复、高效节能节水、改善室内声光热环境方面所做的积极工作值得肯定。

5.2 国家速滑馆项目

5.2.1 工程概况

国家速滑馆是北京 2022 年冬季奥运会的标志性场馆，位于北京市朝阳区，中轴线北端，北京 2008 年奥运会临时场馆（曲棍球、射箭场）原址上，奥林匹克森林公园西侧，规划用地约 17ha。建设场地南临国家网球中心，西临林萃路，东临奥林西路。冬奥会期间，国家速滑馆主要承担速度滑冰比赛和训练项目，冬奥会后，这里将成为全民健身场所，并将继续举办高水平的冰雪赛事，成为集体育赛事、群众健身、文化休闲、展览展示、社会公益于一体的多功能冰雪中心（图 5.2.1-1）。

国家速滑馆主馆约 8 万 m²（不包括地下车库），地下车库约 4.6 万 m²。建筑层数为地上 3 层、地下 2 层，为了不影响场馆东侧仰山公园的视野对国家速滑馆进行了限高设计，建筑最高点为 33.8m，场馆座席约 12000 席。建筑设计使用年限 100 年，抗

图 5.2.1-1　国家速滑馆设计效果图

震设防烈度为 8 度。从建设伊始即立足于成为绿色、清洁的场馆，已获得三星级绿色设计标识证书，在设计、建设、运行全过程践行了绿色可持续理念。

5.2.2 建设目标

国家速滑馆自建设开始，为响应 2022 年冬奥会承办理念，将"绿色、共享、开放、廉洁"贯穿建造整个过程，通过提高预制装配率、优化施工方案、提升机械化率、合理安排工期等方式方法充分体现"以人为本"，严格执行相关法律法规及标准的要求，大力推广应用利于绿色建造开展的新技术、新材料、新设备和新工艺，在各个阶段和所有的分部分项工程建造中，将绿色设计和四节一环保的绿色施工措施贯彻始终，以"预防"为核心，以"控制"为手段，通过"监督"和"监测"不断发现问题，约束自身行为，调节自身活动，确保本工程绿色管理目标的实现：达到绿色建筑三星级要求和北京市绿色施工管理相关要求。

5.2.3 总体部署

结合本工程设计特点和工期要求，在 PPP 组织模式基础上，提出了基于平行施工的建造模式，包括全寿命期 BIM 技术、全过程仿真技术、高精度构件加工技术、高精度安装技术、高效高精度测控技术和偏差实时调整技术六项关键技术，在建设方的牵头下，联合设计、科研、检测、施工等共同实现高效建造（图 5.2.3-1）。

经过反复研究，确定本工程的施工部署思路为：结构分区施工，场馆区域先行；预制看台跟进，桁架滑移合拢；索网整体提升，屋面置换配重；幕墙精工细作，多

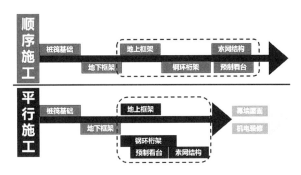

图 5.2.3-1　建造模式示意图

区同步施工；内区提前封闭，装修及时插入；机房尽早交安，精装样板引路；机电装修配合，优先保障制冰；水电按时接入、综合调试联动；提前完工交付、试运测试护航。

1. 针对工程特点、难点进行重点规划为原则

国家速滑馆工程不同于任何其他工程，有着其独具的特点和难点，在任务重、工期紧的情况下，出色地完成本工程建设任务，需要抓住本工程的特点和难点，组织专业人员和专家，提早研究难点，制定解决方案，推进工程的顺利进行。

2. 建造方式选择以节省工期为原则

国家速滑馆工程合同工期为 22 个月，比同类场馆的建设工期缩短很多，要保证工期按时完成，遵循绿色建造理念，工程建造全过程中需实现装配化、机械化、信息化，最大限度地满足工期要求。在设计方面，通过全过程数字和实体模拟仿真，尽量选用造价低、措施简单、省工期的形式；在施工方面，对于钢结构、屋面结构、制冰系统等需多方案反复比选认证，优选节省工期的方案。

3. 确定关键施工线路原则

功能、造型均十分复杂的国家速滑馆，施工项目、施工专业、施工工序均非常繁多，如何从繁多中分出轻重缓急、确定出关键的施工路线，是保证工程顺利进行的关键。

4. 坚持节能环保绿色低碳为原则

为了确保"绿建三星"认证目标的实现，工程建设的组织和策划就要始终坚持生态优先理念，落实四节一环保、绿色低碳，努力打造绿色场馆为原则。

5. 推广应用"四新"技术的原则

创新发展的精神在国家速滑馆工程建设中充分体现在广泛使用应用新技术、新材料、新工艺、新设备的四新技术，在建造组织中树立全新的观念，大胆创新，努力在重点工程中起到引领建筑业发展的作用。

6. 兼顾后期运营可持续发展为原则

本项目为全新 PPP 的建设模式，包括建设期、赛事保障期、运营期的过程。在建设期的组织中，在保证达到奥运会比赛各项要求基础上，兼顾赛后改造和运营期功能需求，提前做好策划和施工中的预留预埋条件，最大限度地减少赛后的大量拆改，减少资源的浪费，并充分考虑节能、降耗设备材料的使用，做到可持续发展。

5.2.4 管理体制

基于绿色建造理念，本项目参与方在建造全过程中，强调绿色可持续理念。

北京市重大项目指挥部办公室为《北京 2022 年冬季奥林匹克运动会国家速滑馆政府和社会资本合作（PPP）项目》采购人，中标人为北京首都开发股份有限公司、北京城建集团有限责任公司、北京住总集团有限责任公司、华体集团有限公司共同组成的联合体，政府出资人代表为北京市国有资产经营有限责任公司。2018 年 2 月 28 日，政府出资人代表和 PPP 项目中标人共同成立了北京国家速滑馆经营有限责任公司，主要承担国家速滑馆项目的建设、投融资、赛事保障及运营工作。为了推进国家速滑馆绿色建造实施落地，国家速滑馆公司积极布局，从横向和纵向两个维度开展工作。

横向上，国家速滑馆公司积极发挥各股东资源优势，具体包括北京市国有资产经营有限责任公司的经营优势、北京首都开发股份有限公司的开发优势、北京城建集团有限责任公司和北京住总集团有限责任公司的施工优势、华体集团有限公司的体育运营经验，在国家速滑馆的设计、施工、运维全寿命期过程中，按照冰雪产业为核心，多种经营相契合的运营思路，将国家速滑馆打造成为集"体育赛事、群众健身、文化休闲、展览展示、社会公益"五位于一体的多功能冰雪中心。

纵向上， 在市重大项目办和股东方的指导下，项目公司从机构设置上强化绿色建造落地应用，国家速滑馆公司设置副总经理兼总工程师，在总经理的领导下，对规划和设计工作进行管理，负责国家速滑馆项目以及附属设施建设的工程管理和技术管理工作，主要负责国家速滑馆工程施工的组织与协调、进度计划管理、安全管理、质量管理、现场管理、设计变更洽商的事项管理、重大或者关键技术实施方案的组织论证与管理、重要或者关键专业分包项目的技术质量标准制定与审核、科研课题的申报及实施、与工程施工相关的临时手续办理、工程的验收及移交、施工技术资料档案管理、组织工程项目创优工作、BIM 应用与管理。在公司内部以工程管理部为抓手，对设计、监理、施工进行全流程管理。

在合同中约定绿色建造部分要求内容，如设计合同中约定了绿色节能建筑设计、可持续发展设计，总承包合同中约定了绿色施工部分内容。国家速滑馆公司的股东之一北京城建集团为本工程施工总承包单位，与业主、设计、监理协同配合管理，过程中和高校及科研院所联合开展创新技术研发与应用工作，施工总承包项目部管理架构见图 5.2.4-1。

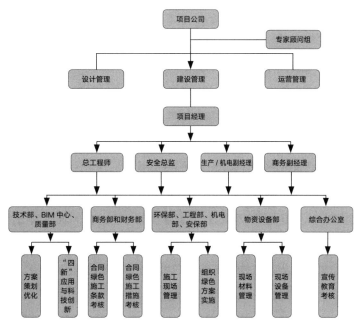

图 5.2.4-1　施工总承包项目部管理架构

5.2.5 工程亮点

1. 世界最大的索网体育馆屋面

国家速滑馆屋面索网结构采用国产高钒封闭索，索网结构平面投影尺寸约 198m×124m，是世界最大的索网体育馆屋面（图 5.2.5-1）。索网结构索体紧密、表面平整、防腐性能高、承载能力强。屋面索东西向为 49 对承重索，南北向为 30 对稳定索，索体总长度约为 18564m，总重量约为 581t，在承载力不变的情况下大幅度降低了屋面

图 5.2.5-1　屋面索网结构

结构用钢量。国家速滑馆钢结构工程荣获第十三届"中国钢结构金奖"，并荣获"中国钢结构金奖年度杰出工程大奖"。

2. 高工艺曲面玻璃幕墙系统

国家速滑馆外立面 2 层以上为高工艺曲面玻璃幕墙系统，有玻璃单元 3360 块，其中曲面玻璃 1440 块，平板玻璃 1920 块，幕墙总面积约为 $18462m^2$。幕墙玻璃面板采用半钢化双超白双银低辐射双夹胶中空玻璃，由 4 片 8mm 厚超白弯弧半钢化热浸玻璃组成，中空层为 12mm，内填充氩气。玻璃幕墙外有 22 条高低盘旋、似环绕飘舞的"冰丝带"，由晶莹剔透的超白玻璃彩釉印刷，平均每条丝带长约 620m，总长度约 13640m，内部集成的夜景照明系统开启后，可谓"赤橙黄绿青蓝紫，谁持彩练当空舞"。

3. CO_2 跨临界直冷制冰系统打造"最快的冰"

为秉承"绿色办奥"理念，国家速滑馆放弃了国际惯用的氟利昂制冷剂，选择采用最先进、最环保、最高效的 CO_2 跨临界直冷制冰技术，成为最早提出使用该技术的冬奥场馆。约 1.2 万 m^2 的全冰面设计，碳排放趋近于零，相比氟利昂系统，直接碳排放减少 25000t。此外，制冷产生的余热用于运动员生活热水、融冰池融冰等方面，一年可节省约 200 万 kWh 的电，实现了低碳节能。国际领先的制冰技术，采用分区制冷，精准温控，冰面温差可控制在 0.5℃以内。温差越小，冰面越平整，硬度越均匀，越利于滑行，有利于提高运动员竞技速度。在 2022 年冬奥会中，"冰丝带"13 次打破奥运会纪录，1 次打破世界纪录，无愧称为"最快的冰"。

为了保证检测结果的全面性和稳定性，提出了模型驱动的一测多用高密度网状排管表观形态高效测量新方法，发明了基于三维激光测量的超大速滑场地制冰排管安装高精度检测方法，充分发挥三维激光扫描效率高、机动灵活、安全可靠、适应环境强、功能全面等优点，突破了在复杂施工环境下点云的有效获取和超高精度定位，实现了现场对所有制冰排管的全覆盖检测。为了有效指导制冰排管施工期安装检测和完工验收，在制冰排管安装过程进行数据快速获取和处理，准确分析制冰排管的点云数据、翘曲情况、水平偏移情况，从而得到排管的安装现状图，通过制冷排管不同安装阶段的多次检测，可以反复对排管空间位置进行调整，用于指导现场施工和成果质量验收。在工程实际应用中提取的平行度、翘曲检测成果精度达到 ±2mm，为保障制冰效果、实现均匀制冷提供了基础保障，检测数据还能提取支架与排管交点坐标等信息，形成全场排管分布图，是查找排管在场馆中位置、走向及连接情况的重要数据，为速滑馆的可持续运维提供重要依据（图 5.2.5-2）。

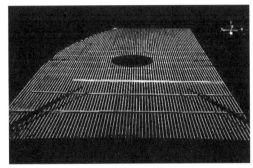

图 5.2.5-2 国家速滑馆制冰排管铺设现场及三维激光模型

针对速滑场地混凝土地坪浇筑施工过程中需实时获取平整度的需求，传统惯导测量方法受限于封闭场馆室内信号弱无法实施的难题，发明了一种平板拖拽式惯性平整度测量系统，融合高精度全站仪平面坐标和惯性相对高程，获取连续测线的冰面混凝土平整度，实现混凝土初凝状态下平整度快速测量，精度达到 5m 范围 ±1mm，辅助施工期冰面混凝土磨平作业；发明了一种轮式惯性平整度测量系统，融合高精度里程计和惯导，实现地面相对三维曲线测量，通过一定密度的测线格网，实现对地面平整度的全面测量，精度达到 5m 范围 ±0.5mm。通过以上测量技术的应用，确保了 1.2 万 m^2 冰板平整度 ≤ 3mm，远小于国际滑联的不大于 5mm 要求，有效保障了国家速滑馆冰面混凝土施工的质量和效率。

4. 全寿命期的智慧化场馆

国家速滑馆匹配了一颗"超级大脑"，已接入包括天空地一体化 CO_2 检测系统、AI+AR 室内定位导航系统、速度滑冰训练体能监测管理系统等 36 个系统。近 10 万点实时数据，让观众观赛、运动员训练、场馆能源管理等方面都实现了智慧化、智能化，将"冰丝带"打造成一个有机的生命体（图 5.2.5-3）。

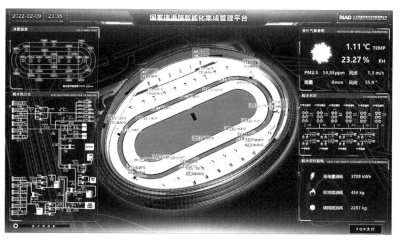

图 5.2.5-3 智慧化管理系统

5.2.6 实施成效

单层索网 + 环桁架 + 幕墙拉索异面网壳高性能结构体系

通过全过程仿真分析和模型试验，研发了适用于国家速滑馆的超大跨度高性能结构体系，相较于空间结构常用的网架和桁架，本体系可降低标高 8 ~ 10m，大幅度降低幕墙、空调投入，节省施工措施费、工期，达到了力学性能最优、材料最省、施工便利、造价低廉、耐久性好的高性能结构体系，用钢量仅为传统钢结构钢材使用量的 1/4。

首次自主研制建筑用大直径高钒密闭索，提出了索体、Z 形钢丝、受力锚具等技术方案，建立了完整的构件加工制作工艺流程和完整的生产与质量保证体系，实现国产高钒密闭索量产，首次应用于国家重点建筑工程，带动了国产密闭索在建筑领域大面积的推广应用。全国产密闭索性能达到欧洲标准，打破了国外同类产品垄断，使密闭索单价由整体进口索的 14 万 /t 下降至约 3.5 万 /t，供货期缩短近 1/2。研发了全新的超大跨索网找形方法，考虑边界形状、拓扑关系、预应力和屋顶重量分布等因素的共同影响，使索网初始态位形相对理论抛物面最大偏差距离不超过 5mm，基本吻合双曲抛物面；考虑弹性边界的形态控制，通过环桁架预变形和修正索网初应变，使主受力体系初始态中的索网形态与固定边界结果一致，实现了弹性边界下的索网形态控制，使索网相对目标位形最大偏差由 502mm 降低到不超过 5mm。

研发了国内首个大吨位、大面积的超大跨度单层正交索网同步张拉技术，100%稳定索力偏差小于 10%，96% 承重索力偏差小于 10%，全部低于验收标准要求的小于

15%；建立了工程全寿命期健康监测系统，实现了指导施工、预警报警的同步技术。在速滑馆整体结构施工中，基于全过程统一 BIM 模型及全参与方一体化协同、建造全过程的高精度仿真、高质量高精度构件加工和安装、实时高精度测控、施工偏差实时调整、基于大数据和人工智能的人、机、料、资源、环境精细化管控等技术，创立了高效高精度平行施工技术体系，实现了国家速滑馆的精益高效建造。

5.3 江苏园博园项目

5.3.1 工程概况

1. 项目概况

江苏省园艺博览会由江苏省人民政府主办，自 1999 年开始，每两年一届，已成功举办了 11 届。2021 年第十一届江苏省园艺博览会选址位于南京市江宁区汤山温泉旅游度假区北部，总体规划和城市控规由中国建筑设计研究院有限公司崔愷院士领衔担纲，由省组委会批准通过，由中建八局 EPC 总承包承建。项目以举办第十一届江苏园艺博览会为契机，创新探索城市废弃空间生态修复与江苏精品园林文化传承及产业升级相结合，打造集度假、演艺和主题娱乐于一体的世界级山地园艺博览园景观建筑群。工程总占地面积 3.45km²，园林景观面积 254 万 m²，园林建筑 32 万 m²，总合同额 156 亿元，于 2019 年 4 月 20 日开工，2021 年 4 月 16 日竣工（图 5.3.1-1）。

图 5.3.1-1 俯瞰效果图

2. 建设目标

第十一届江苏省园艺博览会的规划设计秉承园博园一贯的建设理念，以现代、生态、节约、科技为指导思想和宗旨，以"城市双修"为功能目标，以南京东部旅游发展新引擎、国家生态文明建设示范区、国际生态休闲旅游目的地的总定位，围绕"锦绣江苏·生态慧谷"主题，融合"花园、公园、乐园、家园"理念，通过矿坑生态修复、江苏精品园林创新表达、工业遗存活化利用，打造集园林园艺展示、休闲体验、度假康养和会展等综合功能于一体的文化旅游目的地，探索践行城乡建设绿色、生态、可持续发展。

5.3.2 总体部署及组织架构

1. 总体部署

本项目要求确保 2021 年 4 月 16 日第十一届江苏省园艺博览会开幕，建设工期极其紧张、建设内容体量庞大、资源投入高度集中、统筹协调难度极大，传统设计、采购、施工的三阶段模式，短时间内难以完成建设任务，采用市政、景观、房建综合 EPC 工程总承包模式，以设计管理为龙头，执行全专业资源高效统筹，招采前置、同步深化施工，缩短建设周期（图 5.3.2-1）。

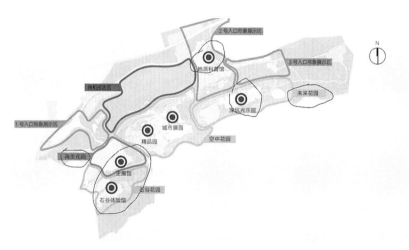

图 5.3.2-1　项目部片区划分

为提高协同高效运作，成立总项目部负责全区域统筹管理、协调、对接。参照总规片区分区，设置 8 个片区项目部，细分建设施工内容。分别为：城市展园项目部、主展馆项目部、主入口项目部、未来花园项目部、市政项目部、景观项目部，后期增设紫东阁项目部和安装项目部。

2. 组织架构

作为总承包管理方，根据现场工程进展，适时调整组织架构，经初期、中期、后期逐渐形成"1+8+N"组织架构体系（总包管理层 + 8 个片区管理层 +N 个专业实施层）。由总包管理部统筹管理；由 8 个片区管理层细化实施，建立 N 个矿坑修复、泥潭治理、古建园林等专业实施层，高效落实生产计划。

5.3.3 绿色建造实践

1. 设计为龙头，引领绿色建造

本工程充分发挥 EPC 工程总承包优势，设计管理团队能够积极介入设计前期工作，引导设计工作，设计方案从原始环境的地形、布局、设计使用材料以及照明条件、造景手法等多方面来进行设计，从而尽量利用原有自然资源，减少对环境方面的破坏。

（1）矿坑修复——重生绿色生态空间

矿产开采形成各种形态独特的坑体、堆土坡地等，植被剥离、水土流失、基岩大面积非结构性裸露，不仅生态环境严重破坏，而且存在地质安全隐患。

针对矿坑崖壁岩体破碎、岩石裂隙发育，存在溶洞、危岩及潜在崩塌体等，设计采用最小干预方式，最大限度保留了工业崖壁特色景观，通过山地环境地形塑造、山体崖壁造型肌理复原，实现了崖壁边坡地质消险、矿坑废弃地景观建造（图 5.3.3-1）。

图 5.3.3-1　矿坑微创治理

园内原有自然土壤水热条件优越，自然肥力较高，因矿业开采，土壤结构遭到一定破坏。通过配置草炭、有机肥和砂子等，改善土壤理化性质，营造植物生长有利条件，将废弃土壤资源化再利用，打造生态绿地景观（图 5.3.3-2）。

对矿坑采石场废弃石材就近处置、加工处理后装填石笼墙等，作为游客中心装饰外墙、水系驳岸等，对废弃矿坑生态修复的同时，实现了废弃石材减量化、无害化、资源化利用，为工程创造了可观效益与价值。

图 5.3.3-2　改良土资源化再利用

（2）工业遗存活化利用——艺术价值重生

园区内原昆元和银佳白水泥厂遗存于 2017 年入选《南京市工业遗产保护规划》名录。保留对象有 3 座烟囱、6 组筒仓、39 座工业厂房及仓储建筑和大型水泥生产线及钢设备，保留建筑面积 1.25 万 m^2。

通过烟囱景观化加固，筒仓、工业厂房功能化改造为书店、咖啡厅、休闲展示区等，将原本的水泥厂生产线作为工业历史文化遗存保留下来，打造园博园独特的工业遗存展示区，不仅减少了大量建筑垃圾，而且实现工业遗存艺术价值重生（图 5.3.3-3）。

图 5.3.3-3　工业遗存现代主展馆改造

（3）因地制宜，再现江苏精品园林

博览园核心区域城市展园，占地面积 23 万 m^2。原场地为采石场渣土堆场，规划设计因地制宜，以分片组团布局手法，以宋代著名的山水"三远"原则，依托地形巧妙布局，串联江苏十三市精品园、观赏、商业等配套设施，以最生态环保、最小能源消耗实现城市废弃地生态修复再利用。

2. BIM+CIM 数字建造，助力绿色建造

本项目作为园林、市政、特色房建超大型综合性 EPC 工程，工程体量大、范围广、专业多，参建实施单位 350 余家，信息协同效率低，跨领域资源整合难，资源利用效率低、浪费大。基于 BIM+GIS 技术，贯通设计、施工以及运维全过程，打造高效信息共享，助力绿色建造。

（1）"多规合一"实现"一张蓝图"管理

通过整合全专业 BIM 模型及 GIS 地形数据，形成区域级 CIM 模型，将划定城镇、农业、生态空间以及生态保护红线、永久基本农田、城镇开发边界及设计前置条件"多规合一"，统筹规划，实现园博园"一张蓝图"管理。

（2）BIM 辅助，助力绿色高效建造

仿古结构以现代工艺实现仿古造型和建筑功能，构造复杂，施工控制难度大。依照 BIM 三维模型充分展示古建设计意图，全面支撑仿古结构、复杂卯榫节点等设计交底和技术施工交底。同时，建立古建构件族库，积累形成文旅特色的古建筑专业 BIM 族库（图 5.3.3-4）。

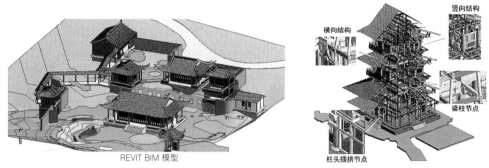

图 5.3.3-4　仿古园林建筑 BIM

（3）机器人建造，提升绿色建造品质

城市展园配套酒店融合园林"三远"意境，建筑曲折回绕，装饰青砖外墙，简约自然，采用机器人数字砖构技术，通过精准控制砖的角度、点位等，形成与设计图案一致的砖墙，极大地丰富了青砖砌筑效果，自动化水平高、砌筑施工效率高、环境污染小、社会效益显著（图 5.3.3-5）。

配套酒店屋面应用可再生胶合木、速生材定向刨花板、节能型天然页岩瓦等绿色建材，通过数字化设计深化、机器人加工制作、装配化施工等，有效提高了生产效率、减少了材料损耗，努力打造低能源消耗、低碳排放的节能建筑。

图 5.3.3-5　BIM 参数化排砖＋砌筑机器人

3. 数字化管理，打造智慧园博景区

（1）数字化管理，高效建造

依托质量管理平台，规范施工过程管理，实现管理工艺标准化、细部节点标准化、管理行为标准化，以 PDCA 管理理念落实质量责任，完成质量检查、整改、复查标准化管理，同时基于移动互联网的项目动态管理，实现线上实时共享查阅，科学合理组织施工，规范一线人员操作，提高关键链条响应效率。

（2）智慧运维管理平台

项目基于 BIM+FM+IoT 技术打造综合运维管理平台，为项目提供空间使用分析、环境与能耗分析、工单综合分析、设备类型与故障分析等各类统计交叉融合分析、为项目运维决策提供更准确的信息。

江苏园博园项目以 5A 级景区评分标准、汲取国内首个智慧景区乌镇项目实施经验，通过"AI+5G+IoT"技术创新，AI 核心"一脸游园博"应用创新，web3.0 时代"网红经济"＋"粉丝营销"模式创新，打造了"当下领先，未来可延展"的智慧平台，完成了园艺博览项目的业内首例由人工智能主导运营的智慧景区系统应用（图 5.3.3-6）。

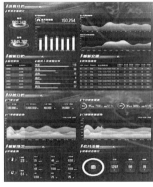

图 5.3.3-6　自动化运营

5.3.4 绿色建造管理

1. 设计管理架构

与传统施工总承包项目相比，本项目在概念方案阶段招标、设计、采购、施工几乎同步进行。需要转变以往的管理思维，以联合体牵头方的身份整合设计、施工资源，促使"E、P、C"的合理穿插和深度融合。通过统筹设计、技术、商务等资源，早介入严控概算，缩短出图时间等，全方位把控设计过程，控制设计质量，实现零主动变更。

1）成立设计管理团队，建立协同设计管理系统

成立以项目负责人为首的设计管理团队，建立体系、明确制度、重点考核，形成设计、技术、商务、生产"项目管理四角"。

2）引进专业团队，构建设计管理平台，扩大涵盖范围

引进设计管理总院、紫城等专业团队，构建高效稳定的设计管理平台，形成设计管理部负责总体调度，总院等团队负责统筹协调和技术管理的管理架构（图 5.3.4-1）。

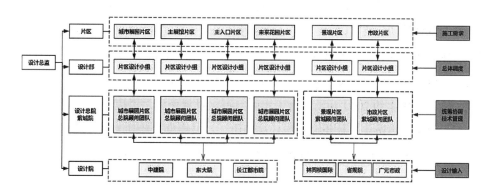

图 5.3.4-1　设计管理架构图

2. 限额设计

本工程为 EPC 总价合同，基建标总价不可突破，房建总价且单体造价不可突破。通过限额设计统筹考虑绿色设计和绿色施工技术的可实施性和综合成本，植入材料、品牌、设备等关键要素，寻求利润。通过联合商务部，对设计概算进行专业审查，提出修改建议和设计优化措施，编制设计概算审查台账及设计优化建议清单。通过目标成本、概预算管控及技术经济比较，优化设计，严格控制建造成本不超过合同价，设计变更控制在 5% 以内，实现项目利益最大化。具体实施措施：

1）对工程控制估算的项目进行分解，对各专业设计工程量、费用进行分解，编制限额设计控制表。

2）根据限额控制表，初步确定设计图纸文成的时间、投资估算的费用等，形成限额设计投资核算表。

3）设计人员根据控制的成本进行限额设计，在设计过程中设计相关专业对相关专业进行造价核算。比较限额工程量与设计工程量、实际设计费用与限额设计费的偏差，并分析原因。如果存在偏差，设计管理部需要编制限额工程量及费用的变化原因分析报告，及时与设计人员进行沟通确定修改方案。

4）限额设计与采购存在很大的联系，所有采购清单需与设计部沟通后进行下发，避免采购的价格与设计单价存在大的出入。

3. 采购、施工前置，反提需求

根据施工总进度节点计划，设计、技术、生产部门对于关键线路上拟采用的施工方案提前策划，向设计反提需求，合力找出最优实施方案。综合考虑施工方案难易程度，是否满足现场施工条件，是否满足施工工艺要求，是否满足施工安全，质量控制难易程度，是否满足工期进度，是否满足采购便利性，是否满足采购经济性等问题。

针对现场反馈的情况，设计施工一体化具备高效反馈能力，可促进高效建造。例如，园区内城市展园区、三号入口区等，原规划设计为地被苗辅以小乔木组团栽植的景观绿化，场地平整过程中，发现大面积石林，面积约 4000m²，石方约 1.2 万 m³，石方破除及外运，总成本约 2000 万元。由于大面积石林对现场施工进度影响较大，经联合评估后，向业主协调以石林景观替换景观绿化，不仅解决了关键路线上的施工障碍，缩短了工期，降低了成本，而且打造成为园区独具特色的天然石林景观。

4. 采购管理

（1）分类细化，明确采购计划

本工程体量大，资源需求量集中，高效供应保障难度大，施工阶段尤其是施工高峰期各项资源及材料的高效供应对工程进度的影响较大。针对采购专业、占比等，分类和权重针对性采购，提高采购保障能力。按照专业性质进行细部划分，划分为常规专业、非常规专业、特殊专业、唯一性采购四大板块。

针对大宗物资、特色苗木、特殊专业等重点制定专项采购计划。大宗物资采取集中采购的形式，并与多家大型供应商建立长期的供求关系。在工程开工前，对项目周边的供应商进行调研，落实工程所需各项资源、周转材料和机械设备等供应商。苗木选择有市场口碑的供应商保证质量，考虑区域立地条件和养护管理条件，以适生为原则，提前做好规划，预测苗木疏伐、间移的时期。开工前提前编制好各项材料需求月计划、周计划，确保开工后按照现场需求做好各项材料供应。

（2）全过程、全专业联动，保障采购质量

根据江苏园博园的特点，采用总包加片区的商务统筹管理，全员参与商务管控，根据现场进度，整理收集幕墙、精装、古建、屋面材料等专业分包供应商信息，对采购厂家、生产模式及周期进行统计，对专业分包供应商进行实地考察、核实，保证专业分包生产进度在可控范围内。联合业主、设计、公司、专业分包、咨询单位采购，凝练采购资源库，实现采购价值链共赢。

5. 施工管理

以计划管理为主线，统筹绿色施工，实现高效建造。

绿色施工强调在环境和资源保护前提下的"四节"，是强调以"节能减排"为目标的"四节"。EPC 总承包模式能充分发挥总承包主体协调下实施项目的优越性，尽可能实行设计、采购、施工进度的深度交叉，有利于缩短工期，为业主创造最大的效益。

（1）把高度：设计计划、采购计划、施工多计划融合

有别于施工总承包工程，EPC 项目总体工期短，要求边设计、边采购、边施工，设计计划、采购计划、施工计划必须高度融合，要求从专业角度、从"业主"角度出发，快速组织各项资源，确保工程按计划推进（图 5.3.4-2）。

（2）控质量：精细化管理，计划精准度

为确保计划的可执行性，项目部根据设计计划、采购计划、施工计划，编制各项

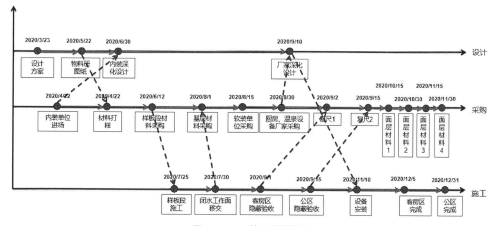

图 5.3.4-2　协同计划管理

配套计划，通过日巡查、周例会、专题会等手段，动态跟踪各项配套计划实施情况，提前预警、及时调整，确保精细化管理。

（3）强执行：三级管理

计划管理的关键是执行，项目部通过执行三级管理，确保工程进度，如期履约。

第一级：项目部纠偏。第一周周计划滞后，要求项目部制定纠偏措施，第二周抢回工期。第二级：分公司纠偏。第二周未抢回工期，分公司出面约谈分包单位项目经理，要求第三周抢回工期。第三级：公司纠偏。第三周未抢回工期，更换项目经理，公司出面约谈分包单位负责人，要求第四周抢回工期。第四周未抢回工期，更换分包单位（图5.3.4-3）。

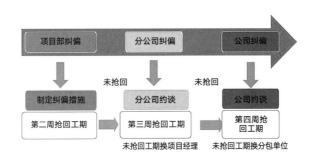

图 5.3.4-3　三级纠偏管理

以过程管理为重点，落实绿色建造。

1）树立绿色施工理念，建立绿色施工标准体系

积极开展绿色施工教育和理念推广培训，提高施工管理人员的环保意识，贯彻落实绿色施工理念。制定绿色施工管理目标，成立以项目经理为组长的绿色施工小组，明确每个组员的责任分工，同时联动项目部各部门及公司、各参建方，充分运用"四新"及各种措施。

2）策划先行，科学实施绿色施工

对项目绿色施工"四节一环保"目标进行量化，目标细化分解，进行管控监督。在招采专业分包过程中，将绿色施工要求编制到合同中，严格要求专业分包履约绿色施工条款，并制定奖罚措施，指定专职人员对绿色施工的过程进行指导、监督和评价。将工程质量、安全、造价、进度与"四节一环保"有机结合，在满足安全生产条件下，节约资源，降低成本，最大限度地减少施工活动对环境的不利影响，践行高效、低耗、环保的理念，达到创优创效的目的。

3）以品质管理为基础，以现场赢市场，增加企业品牌美誉度

组织设计、业主等实地进行考察，施工过程严格控制质量，邀请古建、园林专家

对石作、木作、漆作、瓦作、掇石等提出品质提升意见，精雕细琢，坚持优品提升成精品，做到优中更优。为确保质量满足设计要求，针对新技术、新工艺、新材料组织编制了《不锈钢结构施工质量验收标准》《崖壁塑石施工质量验收标准》等专项质量验收标准，建立文旅工程的"园博"标准。

开展各专业样板引路，编制工法样板实施方案，现场设置工法样板区指导施工。实施期间，组织业主、设计、监理、专家等进行现场巡查、指导，不断改进、不断提升、精益求精，确保样板品质。以高质量的样板引领，确保一次成优，实现精品建造。

5.3.5 实施成效

本项目充分发挥 EPC 总承包优势，创新全过程的组织与协调，建设高效沟通平台，从设计施工一体化的角度，推进绿色建造的绿色设计与绿色施工协同。通过施工图设计、材料选择、施工方法、工程造价等全面统筹，实现资源和能源的高效利用，提高工程综合效益。

设计过程充分结合矿坑环境废弃土壤、废弃矿石、矿渣、矿坑泥潭、工业遗存等场地条件，最大限度利用场地废弃资源，增加对可再生能源的利用程度，加强建筑废弃物的回收利用，从而提高建造过程的能源利用效率，减少资源消耗，绿色施工。

建造过程中积极采用了数字化设计、机器人制造、3D 打印等先进建造技术，探索工业化、智能建造方式，通过数字化设计、自动化加工、装配化施工，有效提高了生产效率、减少材料损耗，缩短施工工期，降低工程成本。

本工程施工效率高、工程质量良好，经济社会效益显著，是推进绿色建造，节约资源，保护环境，减少排放，提升建筑工程品质，推动建筑业高质量发展的有益尝试。

绿色建造发展的 10 项重点技术

一、精益建造技术

建筑业面对国家高速发展转向高质量发展的要求，必须通过精益化建造技术的推进，实现建造信息传递，建造成本降低，工程质量提升和建造效率提高，进而实现建筑业的转型升级。

精益建造是综合生产管理理论、建筑管理理论以及建筑生产的特殊性，面向建筑产品的全寿命期，持续减少和消除浪费，最大限度满足顾客要求的系统性建造方法。精益建造重心是按需求设计工程产品，按流程实施建造过程的工作流管理，目的是消除建造过程中的资源浪费，向顾客交付满意完美的工程项目，最大限度地满足顾客要求，实现企业效益最大化。

推进精益建造要求流程标准化，生产系统化，产品质量零缺陷化，必将促使中国建造再上新台阶。

二、工程项目建造管控平台开发与应用技术

以绿色建造为目标，充分运用大数据、人工智能、云计算、物联网、移动互联等技术，开发应用工程项目建造信息化平台，驱动工程项目全过程目标管理、质量管理、进度管理、安全管理、合同管理和成本管理同步实施。

平台应能传递在设计阶段建立起的工程项目三维模型，融合设计、造价、采购、建造、合同等多维度的管理数据，为建设单位、施工企业提供实时的、形象化的决策管理手段，建立全新的运维管理模式，实现降低运营成本、提高工作效率、保证运行品质、增强管理能力的目标。平台应能按工程项目三维模型导出工程量，计算工程建造阶段的建材消耗，按分部分项工程结合工程消耗量定额计算工程建造过程中的能源消耗，通过内置的计算程序计算出工程项目建造阶段的碳排放量。通过对工程项目建造的各个阶段碳排放的计算，从源头上降低建材消耗量和能源消耗量，提高建造水平和新能源利用水平，为项目达到低碳运营提供前期重要基础数据保障，实现工程项目从设计—建造—运维的绿色低碳发展。

三、城区功能提升与既有建筑改造技术

城区功能提升与既有建筑改造将转变城市开发建设方式,与建筑业可持续发展的理念合拍,也是与绿色建造的理念一致。在这个技术方向,需要研究基于城区功能提升改造"分类分型"多维要素耦合的价值研判模型、更新潜力评测及决策技术方法;研究改造全过程协同的整合设计方法及技术体系。既有建筑围护结构保温、防水和耐久性能整体提升技术;既有建筑主体结构抗震加固技术;低扰动非开挖施工技术;管道原位增强修复技术和功能提升技术;老旧小区的智慧化改造;精益化改造全过程协同管控技术。

四、健康保障(健康建筑、建造安全保障)与全龄友好建筑技术

健康保障与全龄友好建筑,是建筑领域以人为本的具体体现,是绿色建造的目标之一。

主要研究全龄友好型社区居家环境建设和评价标准体系;研究建立基于人工智能的居民行为与生活轨迹识别、生理参数检测、安全防疫、感知诉求分析等主动健康多因子交互评价和监测关键技术;研究健康建筑与健康社区多尺度全人群全要素整合设计方法与功能和性能提升关键技术;基于人因工程学导向的循证研究在典型气候区健康建筑设计与功能提升关键技术;研究基于建成环境、行为轨迹与数字空间变量耦合的智能健康环境提升关键技术;研究适婴适童主动健康服务设施成套技术和智能辅助系统关键技术;研究施工环境健康和行为安全轨迹监测关键技术。

五、装配式建造技术

装配式建造是统筹工程项目立项设计,构件部品生产运输以及现场施工安装,完成装配式建筑的全过程。装配式建造技术的发展重点包括:完善和创新装配式建筑体系,提高建筑各专业的一体化集成设计,避免二次分拆设计;完善构件、部品部件及其接口的标准化,达成少规格、多组合的标准化设计方法;提高构件、整体卫浴、集成厨房、整体门窗等建筑部品的智能生产和信息化配运能力;开发现场建筑构件、部品部件的机械化、自动化定位、安装设备;优化施工工法,合理部署部品部件吊装、运输与堆放、安装的工艺流程,完善节点连接工艺,保障工程质量。

六、绿色低碳建材、部品部件制造及建筑立体绿植绿化技术

绿色低碳建材对建筑领域的碳减排具有重要的作用。绿色低碳建材作为绿色建造的一个技术方向，包括了很多方面，如水泥基类建材（生产）应用过程降碳、环保技术；黑色和有色金属类建材（生产）应用过程降碳、环保技术；其他类建材（生产）应用过程降碳、环保技术；建筑部品部件（生产）应用过程降碳、环保技术；绿色低碳建材、部品部件评价及选用技术；建筑部品部件（含建筑常用部品部件、装配式构件、内装和机电模块等）易安装、易维修、易替换技术；基于建筑全寿命期降碳的建筑材料、部品部件与主体结构一体化设计技术。而建筑立体绿化技术通过碳汇和遮阳功效，可以减少建筑运营阶段碳排放引起的温室效应，主要包括建筑屋面及外立面绿化植护技术；高层建筑楼层空中绿化植护技术。

七、资源（人、机、物）高效利用技术

工程建造过程中所涉及的资源包括了人力、机械、物质等。资源高效利用技术贯穿设计、施工、运维各阶段，包括以下各项技术：建筑的耐久性整合设计技术以及考虑建筑运维损耗的不同部位差异性设计技术；建筑的可拆解设计技术，提高材料的再利用；高强钢、耐候钢、高性能混凝土的应用技术；利废建材的应用技术；可循环再利用的施工设施和材料开发应用技术；非传统水源的开发利用技术；高效施工机械的开发应用技术；精益化施工管理，合理配备人力资源和机械设备，实行机械设备共享。

八、低能耗建造与可再生能源开发利用技术

绿色建造的目标之一是降低建筑领域的碳排放，可控制碳排放作用主要有设计低能耗建筑（降低需求）、设计和施工采购低碳建材（材料低碳）、设计选用可再生能源以及能源高效运行（低碳能源）。作为绿色建造的一个技术方向，包括了低能耗建造技术、可再生能源开发利用技术、储能技术、余热利用技术等方面。具体如低能耗建筑设计技术；能源高效利用设计与运行技术；低碳化建材选用设计技术；太阳能、空气能、地热能、生物质能等可再生能源利用技术；储热（冷）能、储电能、储氢能技术；生产与生活的余热（冷）利用技术；低碳化施工设备与材料选购以及低能耗施工技术等。

九、施工机械自动化及作业机器人研用

大力推广普及机械化施工，把工人从繁重的体力劳动中解放出来，并在此基础上不断提高施工机械的自动化水平，如高层建筑施工的计算机控制集成液压顶升平台（造楼机），钢结构或设备计算机控制集群液压滑移、顶（提）升系统，地下工程施工盾构机，桥梁施工自动化架桥机等。

研究应用各种施工作业机器人，不断提高施工作业的智能化水平，如测量机器人、焊接机器人、砌筑机器人、抹灰机器人、喷涂机器人、地坪机器人、钢筋绑扎机器人、墙板安装机器人、3D 打印等。

十、废弃物减量、再生利用与施工现场环境监控技术

从建筑全寿命期的角度，采用合理的新建和拆除设计，减少建筑废弃物（包括固态、液态、气态等废弃物）的产生，对产生的建筑固废进行再利用和再生循环；加强施工和拆除现场的环境监测，特别是固废的产生、流向和碳排放的动态监控，形成数据库。

参考文献 ————————————————————————————•

第 1 章　绿色建造发展现状

1.1 引言

[1] 肖绪文，冯大阔.我国推进绿色建造的意义与策略 [J].施工技术，2013（7）.
[2] 肖绪文，冯大阔.国内外绿色建造推进现状研究 [J].建筑技术开发，2015（2）.
[3] 肖绪文.绿色建造发展现状及发展战略 [J].施工技术，2018（6）.
[4] 肖绪文，刘星.关于绿色建造与碳达峰 碳中和的思考 [J].施工技术，2021（13）.
[5] 肖绪文.绿色建造可持续发展现状与发展战略研究 [R].中国工程院咨询研究项目报告，2017.

1.4 环境保护

[1] 马合生，鲁官友，田兆东，等.建筑垃圾减量化技术 [M].北京：中国建材工业出版社，2021.
[2] 陈浩，肖坚，等.施工全过程污染控制指标体系指南 [M].北京：中国建筑工业出版社，2021.
[3] 陈浩，王海兵，等.施工现场有害气体、污水、噪声、光、扬尘控制技术指南 [M].北京：中国建筑工业出版社，2020.
[4] 陈浩，叶少帅，等.施工现场有害气体、污水、噪声、光、扬尘监测技术指南 [M].北京：中国建筑工业出版社，2020.

1.5 资源节约

[1] 刘秀丽，张标.我国水资源利用效率和节水潜力 [J].水利水电科技进展，2015（3）.
[2] 徐春晓，李云玲，孙素艳.节水型社会建设与用水效率控制 [J].中国水利，2011（23）.
[3] 李慧，丁跃元，李原园，等.南水北调与水利科技 [J].中国水利，2019（1）.
[4] 陕西省土木建筑学会、陕西省建工集团总公司.建筑工程绿色施工指南 [M].西安：陕西科学技术出版社，2015.
[5] 王衍贺.公共机构建筑绿色改造技术应用效果综合评价体系 [D].沈阳：沈阳建筑大学，2015.
[6] 廖琳，韩继红.绿色建筑"节材与材料资源利用"指标体系研究及实施策略实践 [J].第八届国际绿色建筑与建筑节能大会论文赛.

注：本节部分内容得到中国建材检验认证中心赵春芝教授级高工、中亿丰建设集团马杰博士提供的资料支持。

1.6 "30·60"双碳目标

[1] 张玉卓.中国清洁能源的战略研究及发展对策 [J].中国科学院院刊，2014（4）.
[2] 尹平.发展分布式能源是大势所趋 [J].环球市场信息导报，2014（9）.

第 3 章 国外经验精选

[1] Construction (Design and Management) Regulations 2015. Guidance on Regulations. Retrieved from https://www.hse.gov.uk/pubns/books/l153.htm

[2] Mike doherty. (2021, March 29). 8 Important Employment Law Changes for UK Employers in 2021. Retrieved from https://www.workforcesoftware.com/blog/8-important-employment-law-changes-for-uk-employers-in-2021/

[3] Policy Paper Spending Review 2020. (2020, November 15). Retrieved from https://www.gov.uk/government/publications/spending-review-2020-documents/spending-review-2020

[4] Government Announces £40 Million Green Jobs Challenge Fund. (2020, June 30). Retrieved from https://www.gov.uk/government/news/government-announces-40-million-green-jobs-challenge-fund

[5] PM Outlines His Ten Point Plan for a Green Industrial Revolution for 250,000 Jobs. (2020, November 18). Retrieved from https://www.gov.uk/government/news/pm-outlines-his-ten-point-plan-for-a-green-industrial-revolution-for-250000-jobs

[6] UK Government Launches Taskforce to Support Drive for 2 Million Green Jobs by 2030. (2020, November 12). Retrieved from https://www.gov.uk/government/news/uk-government-launches-taskforce-to-support-drive-for-2-million-green-jobs-by-2030

[7] Sustainable Built Environment National Research Centre. (n.d.). Retrieved from https://sbenrc.com.au/

[8] National Green Jobs Corps. (n.d.). Retrieved from https://apgreenjobs.ilo.org/news/national-green-jobs-corps

[9] AIR POLLUTION LAWS. (n.d.). Retrieved from https://www.environmental-protection.org.uk/policy-areas/air-quality/air-pollution-law-and-policy/air-pollution-laws/

[10] Renewable Energy Jobs Have Reached 12 Million Globally. (2021, October 21). Retrieved from https://www.ilo.org/global/about-the-ilo/newsroom/news/WCMS_823759/lang-en/index.htm

[11] 宫玮. 推动绿色社区建设的思考与建议 [J]. 绿色建筑，2020，12（1）.

图书在版编目（CIP）数据

绿色建造发展报告：绿色建造引领城乡建设转型升级 / 中国建筑业协会绿色建造与智能建筑分会，中国建筑股份有限公司组织编写 . —北京：中国建筑工业出版社，2022.7

ISBN 978-7-112-27639-4

Ⅰ.①绿… Ⅱ.①中… ②中… Ⅲ.①生态建筑—研究报告—中国 Ⅳ.① TU18

中国版本图书馆CIP数据核字（2022）第128082号

绿色建造是生态文明建设和可持续发展思想在工程建设领域的体现，强调在工程建造过程中，着眼于工程的全寿命期，贯彻以人为本的思想，要求节约资源，保护环境，减少排放。本书主要从工程绿色立项、绿色设计、绿色施工三个阶段对绿色建造的发展现状进行介绍，并对绿色建造的发展趋势给出建议，共有 5 章，分别是：绿色建造发展现状、绿色建造政策与标准、国外经验精选、发展趋势与建议、工程案例。本书内容详实，图文并茂，数据取自于实践，对我国建筑业推动绿色建造方式，促进城乡建设转型升级具有一定促进作用。

责任编辑：张　磊　范业庶　万　李
责任校对：李美娜

绿色建造发展报告
——绿色建造引领城乡建设转型升级

中国建筑业协会绿色建造与智能建筑分会
中国建筑股份有限公司　组织编写

*

中国建筑工业出版社出版、发行（北京海淀三里河路 9 号）
各地新华书店、建筑书店经销
北京海视强森文化传媒有限公司制版
北京云浩印刷有限责任公司印刷

*

开本：787 毫米 × 1092 毫米　1/16　印张：14¼　字数：268 千字
2022 年 7 月第一版　2022 年 7 月第一次印刷
定价：**65.00** 元
ISBN 978-7-112-27639-4
　　（39778）